冰箱常備
萬用小菜

打開保鮮容器就上桌！

醃漬、涼拌、快炒、滷製 **120**道小菜

配飯下酒帶便當,隨取隨吃,美味省時又省力

蔡萬利&楊勝凱——著　蕭維剛——攝影

輕鬆做好方便，
萬用小菜！

　　萬利、勝凱老師聽見眾多學生、讀者的心聲，這次為大家精心設計了 120 道萬用小菜！有酸爽開胃的醃漬小菜、涼拌小菜，有香辣過癮、筷子停不下來的下酒小菜，還有飄香四溢的滷味小菜，菜色豐盛多樣，每天吃也吃不膩。

　　這次，兩位老師將教大家如何運用常備小菜，以平凡的當季食材，搭配各式調味、醬汁，舉一反三，發覺省時、方便的美味小菜，並融入日常生活之中。其中，蔡老師更是擁有數十年、寶貴的廚藝經驗，並且與大家無私分享料理知識，對於精進你的廚藝肯定大有幫助。

　　本書的內容深入淺出，單元設計實用，食譜教學圖文並茂，做法清楚詳細，搭配豐富的步驟圖，還有兩位老師的貼心提點，讓各位在家輕鬆復刻成功，讓家人吃得開心又幸福的各式美味小菜。

　　本人在此向各位極力推薦，只要擁有本書，輕鬆做菜好方便，享受美味每一天。

碁富食品股份有限公司（KK Life 紅龍）

林焜翔

這是一本能讓讀者
靈活運用的食譜書

　　萬利理事長與勝凱理事此次分享了 120 道的「萬用小菜」，兩位總能爲廣大的讀者分享了自己的經驗與心得，爲餐飲業提供資源與貢獻，將自己豐富的教學經驗寫入書中，設計出簡單易做、方便快速的美味小菜。

　　「方便」是《冰箱常備！萬用小菜》的一大優勢，讀者完成料理，放入冰箱保存，當忙碌沒空準備時，只要拿出來、打開，依然能端出一桌豐盛的小菜。而萬用小菜不只能配飯配麵，也能帶便當，做下酒菜，靈活萬用，讓讀者每餐更加豐富和多樣化。

　　我向各位婆婆媽媽們大力推薦本書，從此做菜省時不費力，享受料理的熱情，愉悅每一刻。

桃園市餐飲業職業工會 創辦人

楊家銘

隨時拿出來，
就能享用的美味小菜？！

忙碌的生活沒有時間做菜，煩惱要吃什麼？要如何準備？

如果學會製作一些常備小菜放在冰箱，隨時拿出來，打開保鮮盒就能即時享受美味小菜！而且可以做成小包裝的調理包，然後冷藏或冷凍保存，不論是獨居長輩的儲備糧食，還是小家庭、獨居族自用，甚至是接單、送禮都非常適合。

於是，本書便收錄 120 道萬用小菜，包含醃漬、涼拌、快炒、滷製四大類，菜色豐富多變，天天吃也吃不膩！有快速拌一拌就完成，從此不怕沒食欲，清爽開胃的「涼拌小菜」；不用忍受廚房高溫及油煙，將材料裝入保鮮容器，放入冰箱醃漬、保存，想吃就吃，常備最方便的「醃漬小菜」；如麵攤小菜櫃內泛著油光、飄著香氣的「滷製小菜」；以及鹹香下飯，跟沁涼啤酒更是絕配的「快炒小菜」，道道精彩，道道皆美味。

感謝「日日幸福」出版社的編輯冠慶，邀請我和勝凱老師一起合著這本新書《冰箱常備！萬用小菜》，本人也將 40 多年來的廚藝經驗融入本書之中，希望能帶給各位學生、讀者更多想法及廚藝的發揮，更重要的是，隨時可以將美味可口的小菜，輕鬆上桌！

靈活萬用，保存便利，讓餐餐都能輕鬆上菜

　　承蒙蔡萬利師傅的提攜，再次出了萬字輩系列一書，從上一本暢銷的《萬年不敗台灣小吃！商業級配方大公開》到這本《冰箱常備！萬用小菜》，這次為廣大的學員、讀者設計、整理出輕輕鬆鬆就能動手做的萬用小菜，此次以簡單易做、方便快速為主軸，只要稍加調味、拌勻、快炒或滷製就可以美味上菜！各式大小朋友喜愛的小菜，或是知名經典小菜，通通收編在本書之中。

　　然而，一年四季都能享用小菜嗎？那是當然的！在不同的季節，可以搭配不同的小菜，夏天有清爽開胃的醃漬小菜、涼拌小菜，冬天則有快炒、滷製的熱食小菜，無論何時，本書都是你的廚房好夥伴。透過靈活的萬用小菜，讓你的餐桌、便當，每一餐都更加豐富和多樣化。除此之外，各式小菜的食材運用，如蔬果、豆類製品等，滿足日常飲食所需的膳食纖維和蛋白質。

　　最後要謝謝編輯冠慶，從書籍企劃與編排，讓這本好書誕生；也感謝助手欣儀的幫忙，讓拍攝過程能順利完成。做書不簡單，就是希望為各位學員、讀者減去困擾的試作過程，能輕鬆地體驗料理的樂趣，將小菜送上桌，把美味分享出去。

如何使用本書 》》

1

萬用小菜的名稱，
讓人躍躍欲試。

2

小菜的保存方式
及建議期限。

3

有此圖示的小菜，
即可復熱食用。

冷藏
5~7
天

可復熱
$

4

萬用小菜的完成圖，
令人想即刻開飯。

《 蜜汁豆乾 》

NOTE 注意事項

本書食譜份量皆為 3 ～ 4 人份

材料單位換算表

1 大匙 =15cc
1 小匙 =5cc
1 杯 =180cc
1kg=1000g
少許 = 稍微加一些即可。
適量 = 依個人口味斟酌即可。

5

材料一覽表，
正確的份量是烹調成功的基礎。

| 材料 INGREDIENT

五香大豆乾1kg、薑10g、八角3粒、甘草
片2片、水500cc、熟白芝麻1小匙

| 調味料 SEASONING

醬油1／2杯、冰糖120g、黑糖2大
匙、老抽1大匙、香油1小匙

| 準備處理 PREPARE

五香大豆乾切9小塊，泡水10分鐘，瀝乾；薑切片。

| 做法 METHOD

01
鍋子倒入食用油3大匙，
加入薑片，以小火爆香。

02
加入八角、甘草片、醬油，
煮至飄香。

03
加入豆乾丁、水、冰糖、
黑糖、老抽煮滾。

04
轉中小火，蓋上鍋蓋，煮
20分鐘。

05
打開鍋蓋，上下翻炒均
勻，重複動作3次至湯汁
變少、變稠。

06
淋入香油，撒上白芝麻，
關火，蓋上鍋蓋放涼即可。

Tips

◆ 五香大豆乾切成2X2公分最恰當，如是較小的豆乾，則切4塊丁狀就好。
◆ 豆乾炒好放涼，自然會熟成，風味較佳，也會較入味。
◆ 醬汁要不斷翻炒，炒至能附著在豆乾上。
◆ 如果炒得份量較多，可以分裝抽真空，放冷凍保存。

133

判斷油溫

將竹筷插入油鍋，觀察冒泡的
狀況來判斷。

低油溫 130℃～150℃
竹筷周邊緩緩冒出小氣泡。

中油溫 150℃～170℃
竹筷周邊不斷冒出氣泡。

高油溫 170℃～210℃
竹筷周邊冒出大量大氣泡。

6

材料切割、
浸泡等事前準備。

7

詳細的步驟圖，
對照烹調過程是否正確。

8

詳細的步驟文字解說，
清楚詳細不出錯。

9

主廚們的烹調關鍵訣竅、
小撇步大公開。

╲ 目錄 ╱

保存方便！
冰箱常備好滋味
「醃漬小菜」

CHAPTER 2

沒有食欲？
就要吃清爽開胃
「涼拌小菜」

CHAPTER **3**

不只熱食，
放涼吃也沒問題
「快炒小菜」

CHAPTER **4**

香氣四溢！
滷得透亮又入味
「滷製小菜」

各國小菜知多少？

本書不只有中式小菜，還收錄了日式、韓式、東南亞等各式小菜，而各國小菜的做法、風味又有何不同之處呢？實際烹調之前，先帶大家好好認識一番。

中式小菜

中式小菜有兩種，麵攤供顧客配麵的小菜，與餐廳主菜上桌前，讓客人解嘴饞的小菜。來到麵攤用餐的人都會點的滷味，像豆乾、海帶、滷蛋、滷牛腱等，滷味方便久放、放涼冷食。而餐廳小菜一般均使用小碟子裝，常見的有涼拌小黃瓜、涼拌海蜇皮、黑胡椒毛豆等。由此可知小菜做法多半不複雜，以涼拌菜與將熱菜放涼的涼菜居多，因為這兩種菜都可以吃冷、久放。口味方面，小菜口味有酸有甜，開胃又爽口，就算以鹹味為主，也會加入較多的糖調味，最後就是強調鹹、辣的下酒小菜。

日式小菜

一般來說，日本料理中的小菜，有「先付」即是前菜、冷盤，以及「酒肴」也就是下酒菜，並可以細分為漬物、酢物、涼拌小菜等。「漬物」依醃製方法和調味料的不同，將食材加入鹽、味噌或醬油等醃漬，可延長食物的保存期限，又不失美味。「酢物」就是用醋涼拌處理好的食材的涼拌菜。另外還有做法相似的「佃煮」、「甘露煮」，是將食材和醬油、砂糖和水以文火慢慢熬煮至水分收乾，透過水分蒸發及滲透壓的原理，使得調味更容易融入食材，食材表面沾附一層濃稠醬汁，並有助於保鮮。

韓式小菜

　　走進韓式料理餐廳，絕對少不了一碟又一碟的小菜！韓式小菜有各類泡菜，尤其是以白菜泡菜為主流，醃菜、清炒小菜也不少，還有煮菜、醬燉菜、煎餅、雜菜等，豐富種類可選擇。甘酸鮮甜的「韓式泡菜」、清爽解膩的「柚子風味蘿蔔」、經典的「韓式涼拌冬粉」，發酵小菜是以糖、糯米、魚露以及生蝦醬來製作，而非發酵的小菜就以醬油，或是韓國的味噌與辣椒醬來調味。對韓國人而言，泡菜是每一餐都必須要有的小菜，其他各式小菜，不論在韓國家庭或餐廳，都是餐桌上不可或缺的靈魂角色。

東南亞小菜

　　東南亞國家因天候炎熱，當地人擅用香料增進食欲，其中泰國料理酸辣鹹甜並重，涼拌小菜使用九層塔、香茅、泰國青檸和辣椒，將食材切、剁、搗後，加入檸檬汁拌食，快速省時，如「涼拌青木瓜絲」、「涼拌牛肉」等庶民美食，香氣刺激味覺，生津開胃。另外，越南料理不論是生春捲還是涼拌菜，也都有大量新鮮生菜及香草，如豆芽菜、薄荷葉等，並以檸檬葉、南薑、魚露等調味，但不像泰國菜那麼酸，只加入些許檸檬汁，或名為「羅望子」的豆類科水果帶出酸味，清淡爽口，讓人一口接一口。

本書使用的器具

　　各式美味的萬用小菜，做法雖然不複雜，但俗話説得好「工欲善其事，必先利其器」，善用器具，不只能節省時間、降低失敗機率，達到事半功倍的效果，更能讓做菜變得輕鬆愉快！

測量工具

量匙

用來測量粉類材料、調味料的器具。舀滿再刮平匙，份量才會準確。標準量匙一組有4支，分別為15cc的1大匙、5cc的1小匙、2.5cc的1 / 2小匙、1.25cc的1 / 4小匙。

電子秤

用來測量材料重量的器具。秤量時，要記得將裝盛的容器重量先扣除，重量才會準確。建議選擇電子秤，其準確率比較高，也有歸零的功能，使用上方便許多。

量米杯

測量米、液體材料份量的器具，容量為180cc。使用時，必須放在平坦處，以側面水平平視刻度線才準確。電鍋的蒸煮時間也是以米杯水來估算，每杯約15～20分鐘。

鍋具

深炒鍋

廚房必備的鍋具，建議挑選有深度的款式，除了煎炒之外，也能汆燙、燉滷、油炸食材，另外附有透明鍋蓋，不用開鍋就能看見烹煮狀況。

壓力鍋

用高壓在短時間內烹調好料理的鍋具，是節省時間的好幫手。如沒有壓力鍋，只要花時間慢慢燜煮即可。

電鍋

電鍋的結構分為內鍋、外鍋，內鍋放入食材，外鍋倒入水，
即可用來蒸煮、燉滷食材。

烤箱

使用前要先預熱10 ～ 15分鐘，讓溫度達到恆溫，
再放入食材烘烤。本書的烘烤溫度、時間僅為
參考，每個廠牌的功效不同，請依實際料理狀
態微調。

食物調理機

可以將食材打成泥狀，或攪打均勻成醬汁的家電。大量備料時，也能用來
切碎各式食材，省時又省力。

刀具

切割生鮮食材或熟食使用，依食材特性挑選適合的刀具，最常見的刀
有菜刀、剁刀、水果刀等。至少準備兩把菜刀，分別用在生食與熟食
上，可避免交叉感染。

砧板

市面上常見的砧板材質有木頭製、塑膠製兩種。生食、熟食
最好使用不同的砧板，以確保安全衛生，洗淨後放在通風處
晾乾即可。

調理盆

用來浸泡或拌勻食材，也能拌入醃料等待入味。材質多選用不銹鋼
或玻璃製，底部必須要是圓弧形，攪拌材料時才不會有死角。

削皮刀

用來去除蔬果外皮或太老的纖維，或用來削薄片，可以根據不同需求
挑選適合的材質及尺寸。

本書使用的調味料

　　調味料在烹煮食材時，能為料理增添不同風味和層次，而除了最基本的鹽、糖之外，本書還收錄各式日韓、南洋風小菜，各種醬料口味多樣，善加使用便能讓小菜更可口美味！

醬油
由黃豆或黑豆等釀造而成，口感帶甘甜味，豆香濃郁。適合醃漬、滷製等烹調法，為小菜增添香氣與調味。

醬油膏
與醬油不同，吃起來比較甘甜，常用來做為沾醬使用，或是用於滷煮食材，呈現有別於醬油的風味與色澤。

蠔油
有以蔭油膏加入香菇風味的素蠔油，與以牡蠣汁液熬煮而成的蠔油。適合做為沾醬、拌炒、滷製等料理。

米酒
以稻米釀製而成的酒。可用來醃漬魚、肉類，有去除腥味的效果。

香油
又稱芝麻油、胡麻油，以白芝麻提煉而成。芝麻氣味濃郁，涼菜拌入一點就能增添香氣。

辣油
具有辣味，適合用於烹煮、拌料，能為小菜增香、潤色，或是調製成沾醬。

花椒油
辣度不高，主要是香味，有木質與檸檬的辛香。加入一點便能增添香麻風味。

烏醋
以糯米為基礎，加入蔬果及辛香料釀造而成。鹹度較高，適合涼拌等小菜。

白醋
由米飯發酵而成，能用來醃漬食材，為小菜增添天然酸香，或軟化肉類，使口感軟嫩。

豆豉
有乾、濕豆豉兩種，市面上黑豆豉為主。有著類似缸底醬油的濃烈醍醐味，入口香醇甘甜。

芝麻醬
將芝麻烘烤後研磨而成。加上醋或麻油，便能當作涼拌、冷菜的沾醬。開瓶後建議放冷藏保存。

白胡椒粉
白胡椒粒研磨而成，辛辣嗆鼻味。除了能增加小菜的香氣，也常用來醃漬食材，去除腥味。

柴魚醬油
以醬油、柴魚、昆布為材料。可用來提鮮、增色，是和風料理常用的調味料。

清酒
以稻米為主要原料的日本代表性酒類，屬於米酒的一種。能去除魚、肉的腥味，增添小菜的香氣。

味醂
以糯米釀造而成的和風發酵調味料，帶有甘甜味和酒香，能軟化肉質，增加小菜的香氣及光澤。

鰹魚粉
將柴魚乾燥、研磨而成，保有其香氣，常用來為小菜增添海鮮的鮮甜風味。

韓式辣醬
具有鮮味與辣味，是韓國醬牛肉重要的調味料。主要原料有紅辣椒粉、糯米粉、磨成粉狀的發酵黃豆等。

魚露
帶有海味和鹹味的調味料，可用於涼拌、沾醬等。越南、泰國、韓國等都有生產，目前市面上以東南亞進口為主。

進 口 調 味 料 哪 裡 買 ？

異國風味小菜常用的韓國、日本、泰國及越南等進口調味料、醬料，除了各大超市、大賣場或網站上，全台也有不少「東南亞街」、「韓國商店街」或東南亞商店等，都可以購買得到。

保存容器的挑選與使用

　　市售保鮮容器有玻璃、塑膠、壓克力與矽膠等材質，尺寸大小、形狀也各不相同，是不可或缺的小菜保存幫手，但要怎麼挑選呢？可以依照容器的特性與你的需求，自由挑選即可。

❙ 玻璃容器

附有蓋子的玻璃容器，可以清楚看見醃漬的程度及內容物的變化，又不易附著氣味，最適合醃漬小菜使用。

❙ 玻璃瓶

可以看見內容物，又不易附著氣味，適合裝盛有醬汁或沙拉醬等液體的小菜，還有湯汁較多的泡菜。

❙ 琺瑯容器

款式設計簡單適合搭配任何小菜，直接放到餐桌上也很漂亮。不過琺瑯容器易損壞，且不能微波使用。

塑膠 & 聚乙烯容器

❙ 附蓋塑膠容器

有各種形狀與尺寸，輕巧且密閉性佳，適合放入冰箱堆疊排放。如要微波，請先確認產品説明。

❙ 不鏽鋼容器

不易沾染上小菜的顏色或氣味。堅固耐用、耐髒污。導熱性佳，放進冰箱很快就能冷卻降溫。

❙ 夾鏈袋

不佔空間，能放進冰箱的縫隙空間。長時間保存時，湯汁可能會滲出，建議套上雙層袋子。

用夾鏈袋醃漬小菜

裝入袋中搓揉,讓味道更融合

　　確實密封夾鏈袋,避免醬汁漏出,
然後隔著袋子搓揉食材,幫助食材更快入
味。或是蔬菜必須要抹滿鹽時,也可以裝
入夾鏈袋中搓揉即可,比起用手直接碰
觸,更乾淨快速,又塗抹得更均勻。

只要少量的醬汁就能附蓋食材

　　使用保鮮盒醃漬食材,必須有足夠
的醬汁才能覆蓋食材。若是使用夾鏈袋的
話,即使醃醬很少,只要將空氣排出,並
確實密封夾鏈袋,醬汁就能遍布食材,非
常推薦以此方式來製作醃漬小菜。

\Tips/

夾鏈袋或聚乙烯製的塑膠袋,請務必每次用完就丟掉,不要重複使用。

清洗保存容器

01

將蓋子的矽膠條拆下來。

02

用牙刷,以清水刷洗矽膠條。

03

用海綿,以清水清洗蓋子
與容器。

04

用紙巾擦乾水分,將矽膠條波
浪紋朝外,裝回蓋子即可。

常備小菜如何保存？

　　小菜只要保存良好，保持美味和衛生，不只能現做現吃，還可以當作「常備菜」的一種，但台灣的環境潮濕、氣溫悶熱，想要隨時享用美味的小菜，如何保存就至關重要。

保鮮容器必須確實消毒

　　保鮮容器務必保持乾淨，醃漬小菜時更是如此，塑膠、聚乙烯容器可以洗淨晾乾後，噴酒精消毒；如是玻璃、不銹鋼容器，則可放入烤箱，以150℃烘烤10分鐘；或放入滾水中煮5分鐘，取出晾乾即可。

用乾淨的公筷或湯匙分裝

　　把小菜裝進保鮮盒時，請用洗淨、晾乾的公筷或湯匙夾取，並嚴禁用手直接碰觸，不然就是必須戴手套，盡可能避免與生水、細菌接觸，導致小菜更快腐敗臭酸。

先放涼冷卻，並與熱菜、熟食分開

　　小菜請盡量跟其他熱菜分隔開來，避免接觸，生食和熟食也不要放在同一個容器。若是剛煮好的小菜，請放涼冷卻後再放入冰箱，容器內才不會產生水滴，增加滋生細菌的風險。

大量製作時，更要留意危險溫度帶

　　雖然小菜適合大量製作且容易分享，但必須特別注意溫度的掌控，通常會以冰水或隔水的方式降溫，讓食物中心溫度避開70～60℃之間的「危險溫度帶」，因為細菌在此溫度區間會快速生長繁殖，大量製作時就更需要多留心。

減少與空氣接觸，延長保鮮期

　　食物如果長時間接觸空氣，其中的不飽和脂肪酸就容易氧化變質，或被微生物分解而產生不好的氣味，導致走味。因此在填裝食物時，須選擇大小適宜的容器，利用食物、醬汁盡量填滿容器，或是用保鮮膜服貼在食物表面，避免有空氣殘留，減少空氣接觸到料理的面積，延長保鮮期。

貼上寫著菜名、製作日期的標籤紙

　　建議將小菜裝入保鮮容器後，於外盒貼上寫了小菜名稱及製作日期的標籤紙，就能確實掌握保存期限，就算沒有打開容器，內容物也能一目瞭然，節省打開冰箱的時間。

小菜的常備保存 & 退冰復熱

　　取保鮮盒，裝入要保存的小菜，靜置約10～30分鐘（如是涼菜或生食則省略此步驟）。放涼後，將蓋子確實蓋緊密封，放入冰箱冷藏保存即可。

　　下次要吃時，取出即可美味享用，或是放置室溫稍微退冰就好。如是可以復熱的小菜，能用微波爐分段加熱，過程中稍微翻攪一下，讓內部均勻受熱。復熱後便要食用完畢，避免反覆加熱造成食物變質。

＼ 注意事項 ／

本書標示的保存期限僅為參考標準，主要還是根據小菜的保存狀況來判斷，特別是天氣炎熱的夏季，建議還是盡早食用完，如果無法在一個星期內食用完，則建議放入冷凍保存。

CHAPTER 1

保存方便！
冰箱常備好滋味
「醃漬小菜」

醃漬小菜是以風乾、加入糖、鹽等方式，
使食材脫水，阻止微生物滋長，延長保存期限。
另外，根據使用不同的醃漬法及醃料，
如鹽漬、糖漬、醋漬、油漬、酒漬、味噌漬、鹽麴漬，
也能製作出不同風味的醃漬小菜。
開始醃漬之前，必須確實清潔雙手，選擇耐高溫的容器並確實消毒，
最常見的方式是水煮消毒法，將玻璃罐與瓶蓋用滾水煮10分鐘，
取出倒扣風乾，或是將保鮮盒洗淨、噴酒精消毒即可，
才能確保醃菜能長時間保存。

桂花聖女小番茄

材料 INGREDIENT

聖女小番茄600g、水450cc、話梅10粒

調味料 SEASONING

蜂蜜4大匙、桂花醬2大匙

準備處理 PREPARE

小番茄底部果皮用刀子劃十字。

做法 METHOD

01

將水 450cc 煮沸後關火，加入話梅攪拌一下，裝入調理碗，放涼冷卻。

02

加入蜂蜜、桂花醬，攪拌均勻，備用。

03

小番茄用滾水汆燙 30 秒，待表皮出現微微的裂痕。

04

取出小番茄，立即泡冰開水冰鎮。

05

從劃十字刀處剝去果皮。

06

取保鮮盒，加入小番茄、做法 2，放入冰箱冷藏 1 天即可。

\Tips/

◆ 小番茄在底部果皮劃十字刀，汆燙、冰鎮後就能輕易去皮，而去皮之後，便能更容易醃漬入味，口感也會更好。

味噌漬黃瓜

冷藏
3〜5
天

材料 INGREDIENT

小黃瓜5條（約500g）、鹽1／2大匙、細砂糖2大匙

調味料 SEASONING

薄鹽味噌3大匙、細砂糖2大匙、清酒2大匙

準備處理 PREPARE

小黃瓜用冷開水洗淨，切去頭尾，再切成兩段。

做法 METHOD

01

小黃瓜裝入夾鏈袋，均勻撒入鹽、細砂糖。

02

封起夾鏈袋，重複搓揉小黃瓜。

03

放上重物重壓，醃漬半天，去除菁味。

04

取出，用冷開水清洗，並擠乾水分，備用。

05

取調理盆，加入所有調味料，拌勻。

06

再加入小黃瓜拌勻。

07

裝入保鮮盒，放入冰箱冷藏1～2天即可。

\Tips/

◆ 製作這道小菜，味噌不要挑選太鹹的。

◆ 成品可以保存3～5天，如放太久，會失去脆度。

鹹蛤仔

冷藏
3～5
天

冷凍
1
個月

材料 INGREDIENT

A / 黃金蜆600g、冷開水600cc

B / 蒜仁30g、紅辣椒10g、薑10g、甘草片
　　2片

調味料 SEASONING

細砂糖40g、醬油280cc、米酒
80cc

準備處理 PREPARE

黃金蜆泡水1小時吐沙（不加鹽）後，取出洗淨；紅辣椒切斜片；薑切片。

做法 METHOD

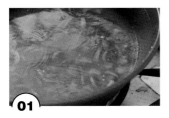

01

鍋子加入冷開水、黃金蜆，以中小火加熱並小力攪拌，煮至約 70℃或稍微開殼。

02

倒入濾網過濾，將蜆湯放涼備用。

03

取出黃金蜆，放涼備用。

04

黃金蜆裝入保鮮盒，將所有調味料、材料 B 拌勻後加入。

05

倒入蜆湯醃過所有食材，蓋緊密封，放入冰箱冷藏 1 天即可。

\Tips/

◆ 為避免吃到生水，煮蜆的水一定要是煮沸後放涼的開水，這樣醃漬的蜆才不易腐敗。

◆ 若沒吃完可以放入冰箱冷凍保存，解凍後即可食用，但保存時間會越久會越鹹，建議盡快吃完。

◆ 由於市售的醬油鹹度不一，請依實際情況、個人口味酌量添加；薑片、辣椒、蒜仁的份量，可依自己喜好調整。

剝皮辣椒

| 冷藏 **14** 天 | 冷凍 **3** 個月 |

材料 INGREDIENT

青辣椒170g、紅辣椒20g、玻璃瓶1個、水100cc、甘草片1片

調味料 SEASONING

醬油50cc、冰糖3大匙、米酒16cc、味素1g

▌準備處理 PREPARE

青辣椒、紅辣椒連蒂頭泡水洗淨，取出晾乾，剝掉蒂頭；玻璃瓶確實消毒。

▌做法 METHOD

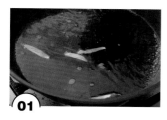

01

鍋子加入水、甘草片、所有調味料煮滾，關火，放涼備用。

02

青、紅辣椒放入 200℃ 的油鍋，蓋上鍋蓋，炸約 20 秒至表皮泛白，取出放涼。

03

戴上手套，用牙籤劃開青辣椒外皮後剝除。

04

再用牙籤劃開青辣椒，撐開。

05

用湯匙刮除去籽。

06

將辣椒頭朝上排入玻璃瓶。

07

加入做法 1，蓋緊密封，放入冰箱冷藏 2 天即可。

\ Tips /

◆ 油炸辣椒會產生油爆，因此辣椒剝掉蒂頭就好，不要用切除的方式，造成空洞。

◆ 辣椒因產地、季節不同，辣度而有所不同，如不敢吃辣的朋友，亦可以用青龍椒來製作，一樣很好吃。

◆ 本配方未添加防腐劑，必須放冰箱保存，如要放冷凍，容器要換塑膠瓶，並且不能裝太滿，醬汁結冰體積膨脹才不會爆瓶。

韓國麻藥蛋

材料 INGREDIENT

A / 冷藏雞蛋 10 個、水 1000cc 、鹽 1 / 2 小匙、白醋 1 大匙、冷開水 1 杯

B / 洋蔥 50g、蒜仁 30g、紅辣椒 20g、青蔥 20g、熟白芝麻 1 小匙

調味料 SEASONING

醬油1杯、果糖2大匙、韓國麻油1 / 2 大匙

準備處理 PREPARE

冷藏雞蛋洗淨，放置回溫；洋蔥、蒜仁、紅辣椒切末；青蔥切成蔥花。

做法 METHOD

01
鍋子加入水、鹽、白醋煮滾，放入雞蛋煮 6 分鐘。

02
取出水煮蛋，馬上泡冰水冰鎮。

03
等水煮蛋冷卻後，剝去蛋殼，裝入保鮮盒。

04
將冷開水、所有調味料拌勻，倒入保鮮盒。

05
加入材料 B，放入冰箱冷藏 1 晚即可。

\Tips/

- 如果雞蛋會浮上來，可以裝入夾鏈袋浸泡醬汁，顏色會比較均勻。
- 「麻藥」一詞在韓國菜中並不陌生，如麻藥飯捲等，味道甜辣鹹鮮，就像麻藥，令人上癮，一口接一口停不下來。

＼ 紫蘇梅苦瓜 ／

冷藏
5~7
天

材料 INGREDIENT

白玉苦瓜600g

調味料 SEASONING

醃漬紫蘇梅1瓶（150cc）

準備處理 PREPARE

苦瓜切去頭尾，用湯匙挖除囊籽，
切3公分片狀。

做法 METHOD

01 苦瓜片用滾水汆燙 6 分鐘，取出。

02 立即泡冰開水冰鎮，取出瀝乾。

03 放入調理盆，加入醃漬紫蘇梅的湯汁
拌勻。

04 再加入醃漬紫蘇梅即可。

＼Tips／

◆ 苦瓜透過冰鎮可以降低苦味。
◆ 苦瓜挑選表皮光亮飽滿，沒有傷疤
的。如喜歡苦味可選綠色品種，果
瘤越小越苦；製作醃漬、涼拌小菜
則挑果瘤大一些，如白玉苦瓜肉
厚、苦味較淡最為適合。

＼ 紹興梅蜜漬番茄 ／

冷藏
2~3
天

材料 INGREDIENT

牛番茄600g（約3個）、紹興梅4粒

調味料 SEASONING

梅粉1小匙、細砂糖2大匙

準備處理 PREPARE

牛番茄洗淨，拔去蒂頭。

做法 METHOD

01 牛番茄先對切，再分切成 12 等份。

02 放入調理盆，加入梅粉、紹興梅拌勻。

03 均勻撒入細砂糖，稍微拌勻即可。

＼Tips／

◆ 食用之前先放入冰箱冷藏一陣子，
吃起來會更加清涼。
◆ 醃漬好的番茄，建議別在冰箱冰太
久，時間一久會出水，影響外觀，
稀釋原有的甜度。

＼ 豆醬醃嫩薑 ／

冷藏
14
天

┃ 材料 INGREDIENT

嫩薑300g、鹽1小匙、冷開水100cc

┃ 調味料 SEASONING

細砂糖3大匙、黃豆醬50g、米酒2小匙

┃ 準備處理 PREPARE

嫩薑洗淨擦乾，切條狀。

┃ 做法 METHOD

01 嫩薑條加入鹽拌勻，靜置 30 分鐘。

02 等待脫水後，用冷開水洗去鹽份。

03 取保鮮盒，裝入所有調味料，攪拌均勻。

04 再加入嫩薑條，蓋緊密封，放入冰箱冷藏 1 天即可。

＼Tips／

◆ 嫩薑可以整條或切塊醃漬，口感細膩也易入味；如是使用中薑，則建議切片狀；老薑的話，就算切片，吃起來可能仍有粗纖維。

＼ 醃金棗 ／

冷藏
14
天

┃ 材料 INGREDIENT

金棗500g、話梅4粒、甘草片2片

┃ 調味料 SEASONING

細冰糖50g

┃ 準備處理 PREPARE

金棗洗淨擦乾，對切成兩半。

┃ 做法 METHOD

01 取保鮮盒，加入金棗、細冰糖，蓋緊蓋子，拿起盒子用力搖，搖至金棗稍微出水。

02 加入話梅、甘草片，放入冰箱冷藏 1 天，等細冰糖融化即可。

＼Tips／

◆ 金棗洗淨後一定要擦乾表面的水分，否則會導致成品的失敗。

◆ 金棗對切出水快、醃漬時間短，橫切口感質地較硬、醃漬時間較長。

◆ 金棗醃漬後會自行滲出水分，切記不要額外加入水。

\\ 韓國醬牛肉 //

冷藏
5~7
天

可復熱
˜˜˜

材料 INGREDIENT

A / 牛腱 600g、洋蔥 1 個、紅辣椒 1 根、薑 20g、蒜仁 15g、水 1500cc、米酒 2 大匙

B / 蒜仁 15g、白煮蛋 4 個、白胡椒粒 3g

調味料 SEASONING

醬油1 / 2杯、韓式辣醬2大匙、細砂糖2大匙、米酒1大匙

準備處理 PREPARE

牛腱泡水讓血水釋出；洋蔥切條；紅辣椒剖開，去籽；薑切片。

做法 METHOD

01 鍋子加入材料 A 煮滾，撈除浮沫，加蓋小火煮 60 分鐘至熟。

02 加入材料 B、所有調味料，以中小火滷40分鐘至牛腱透軟。

03 關火放涼，取出牛腱用手撕成小塊狀。

04 與滷蛋、洋蔥、蒜仁盛盤，淋上些許滷水即可。

\Tips/

◆ 除了牛腱，也可以選用牛臂肉或腿肉，油脂較少的部位較為適合。

◆ 以這種先煮熟再滷製的方式，牛腱吃起來比較不會乾硬發柴。

醬汁小鮑魚

材料 INGREDIENT

A / 冷凍小鮑魚10個、紅辣椒
1 / 2根、蒜仁1粒

B / 青蔥1支、水2杯、薑片2片、清
酒3大匙

調味料 SEASONING

柴魚醬油4大匙、味醂4大匙、清酒
2大匙、冰糖1小匙

準備處理 PREPARE

冷凍小鮑魚泡水解凍；紅辣椒、蒜
仁切碎；青蔥半支切段、半支切成
蔥花。

做法 METHOD

01 鍋子加入材料 B 煮滾，加入小鮑魚再煮
滾，關火泡 5 分鐘。

02 取出小鮑魚，泡冰開水冰鎮。

03 將小鮑魚的口器、內臟拔除，用冷開水
洗淨，備用。

04 鍋子加入所有調味料煮滾 2 分鐘，讓
酒精蒸發，關火放涼。

05 取保鮮盒，加入小鮑魚、做法 4，蓋緊
密封，放入冰箱冷藏 1 晚。

06 食用前撒上蔥花、辣椒碎、蒜碎即可。

Tips

◆ 超市賣場就有販售冷凍小鮑
魚，一次可以多做一些，放冰
箱冷藏保存，冰冰涼涼，非常
美味。

◆ 醃汁可以重複使用，再醃一次
鮑魚，或是用來煮秋刀魚。

冷藏
5~7
天

可復熱
SSS

台式泡菜

冷藏
14
天

┃ 材料 INGREDIENT

高麗菜500g、胡蘿蔔50g、紅辣椒10g、
蒜仁30g、鹽8g、水50cc、話梅3粒

┃ 調味料 SEASONING

細砂糖150g、糯米醋150cc

▍準備處理 PREPARE

高麗菜用手撥成大塊狀，洗淨後再用冷開水（份量外）沖過，瀝乾；胡蘿蔔去皮，切絲；紅辣椒去籽，切絲；蒜仁切碎。

▍做法 METHOD

01
取調理盆，加入高麗菜、胡蘿蔔絲、紅辣椒絲，撒上鹽，用手抓勻。

02
靜置 1 個小時，其間每隔 15 ～ 20 分鐘，翻勻一次。

03
等待脫水後，用手將鹽水擠乾，備用。

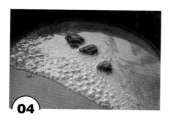
04
鍋子加入水、細砂糖、話梅，煮至沸騰。

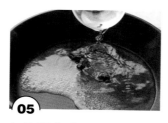
05
加入糯米醋，立刻關火，放涼。

06
加入蒜碎，即為泡菜醃汁。

07
取保鮮袋，裝入做法 3、泡菜醃汁。

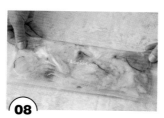
08
將空氣擠出，拉起封口，放入冰箱冷藏 1 天即可。

> ＼Tips／
>
> ◆ 糯米醋的味道較為溫和，如換成白醋或水果醋，則能提升風味與香氣。
>
> ◆ 若是喜歡口味重一點，可以增加蒜仁、辣椒的份量。

花蓮酒鹽辣椒

冷藏
14
天

材料 INGREDIENT

雞心辣椒100g、玻璃瓶1個、大紅袍花椒0.5g、白胡椒粒0.5g、桂皮0.5g

調味料 SEASONING

鹽7g、米酒1瓶

準備處理 PREPARE

雞心辣椒洗淨，去除蒂頭，陰涼風乾。

做法 METHOD

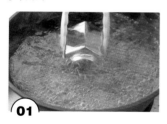

01
將玻璃瓶放入滾水煮 5 分鐘，取出晾乾；或是洗淨晾乾後，瓶內噴酒精消毒。

02
放入雞心辣椒、花椒、白胡椒粒、桂皮玻。

03
最上層，撒入一層鹽。

04
倒入米酒，份量必須蓋過所有辣椒。

05
蓋緊密封，放入冰箱冷藏60 ～ 90 天即可。

\ Tips /

◆ 辣椒必須去除蒂頭，不然會有苦味。

◆ 夾取成品時，務必使用乾燥的器具，避免有水進入，容易造成腐壞。

準備處理 PREPARE

當歸、人蔘鬚、甘草片、紅棗、枸杞稍微清洗過，瀝乾。

做法 METHOD

01

鍋子加入材料A、調味料（除了酒類）煮滾，再加入紹興酒、米酒即為醃汁，備用。

02

土雞腿從肉厚處劃開，再橫向斷筋。

03

取鋁箔紙，雞皮朝下，攤平雞腿肉，均勻抹上醃料。

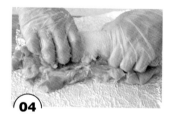

04

將雞腿肉捲起成棒狀。

05

用鋁箔紙包覆雞腿肉捲。

06

鋁箔紙從左右兩側扭緊、壓實。

07

放入電鍋，蒸約25分鐘至熟，取出，泡冰水至完全冷卻。

08

撕除鋁箔紙，放入保鮮盒，加入醃汁，蓋緊密封，放入冰箱冷藏1天，切片淋上醃汁即可。

\ Tips /

◆ 米酒與當歸的份量不宜過多，會產生苦味。

◆ 紹興酒可以用紅露酒代替。

◆ 雞腿不捲起來，也可以整支直接浸泡醃汁。

醉蝦

冷藏
3~5
天

材料 INGREDIENT

A / 草蝦20隻、青蔥20g、薑20g、鹽1小匙、米酒1小匙

B / 當歸1／2片、人蔘鬚12g、甘草片3片、紅棗10粒、枸杞20g、水500cc

調味料 SEASONING

冰糖2小匙、鹽1小匙、紹興酒200cc、米酒100cc

準備處理 PREPARE

草蝦洗淨，剪去尖刺，挑去腸泥；青蔥切段；薑切片；當歸、人蔘鬚、甘草片、紅棗、枸杞稍微清洗。

做法 METHOD

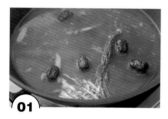

01
鍋子加入材料 B、冰糖、鹽煮滾，再加入紹興酒、米酒即為醃汁，備用。

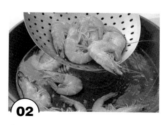

02
煮一鍋滾水，加入材料 A，大火煮至熟，取出草蝦。

03
草蝦泡冰開水冰鎮，取出瀝乾。

04
取保鮮盒，裝入草蝦、醃汁，蓋緊密封，放入冰箱冷藏 1 天即可。

Tips

◆ 米酒與當歸的份量不宜過多，會產生苦味。

◆ 蝦子在醃漬之前，務必確實燙熟，以確保食用安全。

醉元寶

冷藏
5~7
天

可復熱
﹙﹙﹙

54

材料 INGREDIENT

A　豬前腳500g、青蔥1 / 2支、薑片2片、
　　鹽1小匙、米酒1小匙

B　當歸1 / 2片、人蔘鬚5g、甘草片3片、
　　紅棗10粒、枸杞20g、水250cc

調味料 SEASONING

鹽1小匙、味精1小匙、紹興酒
150cc、米酒150cc

準備處理 PREPARE

豬腳用鑷子拔除豬毛；青蔥切段；當歸、人蔘鬚、甘草片、紅棗、枸杞稍微清洗。

做法 METHOD

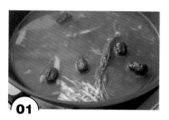

01

鍋子加入材料 B、鹽、味
精煮滾，再加入紹興酒、
米酒即為醃汁，備用。

02

電鍋內鍋加入材料 A、水
（份量外，水量蓋過豬
腳），外鍋倒入 4 ～ 5 米
杯水，蒸至熟透。

03

取出豬腳，泡冰開水冰
鎮，沖洗乾淨，瀝乾。

04

豬腳去骨，裝入保鮮盒，
加入醃汁，蓋緊密封，放
入冰箱冷藏 8 小時，取出
切塊即可。

\Tips/

◆ 購買豬腳時，可以請肉商協助切塊。
◆ 煮熟的豬腳要沖洗乾淨，洗去雜質與油質。

泡椒雞腳

冷藏
14
天

材料 INGREDIENT

A / 雞腳 500g、中薑 10g、青蔥 1 支、月桂葉 1 片、八角 1 粒、米酒 5 小匙、桂皮 1g

B / 白醋 2 大匙、冷開水 400cc

C / 薑 10g、水 400cc、泡椒 60g、大紅袍花椒 5g

調味料 SEASONING

泡椒汁2小匙、冰糖1大匙、鹽1小匙、雞粉1小匙、味素1小匙、白醋4小匙

準備處理 PREPARE

雞腳剪除指甲，用流水沖洗10分鐘；青蔥切段；薑、中薑切片。

做法 METHOD

01
鍋子加入材料 A、水（份量外，水量蓋過雞腳）煮滾，撈除浮沫，以中小火煮 15 分鐘，關火加蓋燜 15 分鐘。

02
取出雞腳，放入調理盆，加入材料 B，放入冰箱冷藏 15 分鐘。

03
取出雞腳，用過濾水以流水沖泡 3 分鐘。

04
將雞腳切 6 公分段，雞爪切成兩半，用過濾水以流水沖泡洗淨，備用。

05
鍋子加入材料 C、調味料（白醋除外），煮滾後轉小火煮 3 分鐘，關火加入白醋放涼。

06
取調理盆，加入雞腳、做法 5，封上保鮮膜，放入冰箱冷藏 1 天即可。

\ Tips /

- 建議挑選白雞腳，成品看起來比較Q彈可口。
- 泡椒雞腳要吃起來清爽不油膩，就必須汆燙、洗淨，去掉多餘的油脂，泡白醋水讓油脂釋出，浸泡時才不會有浮油，影響品質。
- 製作過程使用的水都以冷開水為佳，避免細菌滋生。

檸檬泡椒鴨胗

冷藏
14
天

A ╱ 鴨胗 500g、青蔥 1 支、中薑 10g、月桂葉 1 片、
八角 1 粒、桂皮 1g、米酒 2 大匙

B ╱ 白醋 40cc、冷開水 400cc

C ╱ 泡椒 60g、大紅袍花椒 5g、薑 15g、水 400cc

D ╱ 紫洋蔥 40g、胡蘿蔔 60g、無籽檸檬片 1 片

| 調味料 SEASONING

泡椒汁2小匙、冰糖5
小匙、鹽1小匙、雞粉
1小匙、味素1小匙、
白醋4小匙、新鮮檸檬
汁80cc

準備處理 PREPARE

鴨胗用流水沖洗10分鐘；青蔥切段；薑、中薑切片；紫洋蔥切片；胡蘿蔔去皮，切片。

做法 METHOD

01

鍋子加入材料 A、水（份量外，水量蓋過鴨胗）煮滾，撈除浮沫，以中小火煮 15 分鐘，關火加蓋燜15 分鐘。

02

取出鴨胗，放入調理盆，加入材料 B，放入冰箱冷藏 15 分鐘。

03

取出鴨胗，用過濾水以流水沖泡 10 分鐘。

04

鴨胗切 2 公分片狀，用過濾水以流水沖泡 2 分鐘，備用。

05

鍋子加入材料 C、調味料（白醋、新鮮檸檬汁除外）煮滾，轉小火煮 3 分鐘，關火加入白醋、檸檬汁、材料 D 放涼。

06

取調理盆，加入鴨胗、做法 5，封上保鮮膜，放入冰箱冷藏 1 天即可。

\Tips/

◆ 泡椒鴨胗要吃起來清爽不油膩，就必須汆燙、洗淨，去掉多餘的油脂，泡白醋水讓油脂釋出，浸泡時才不會有浮油，影響品質。

◆ 煮內臟類時，建議以冷水放入食材，既能去除內臟的腥味，也能將其煮軟，煮至筷子能輕鬆刺穿才夠軟嫩。

＼ 黃金海帶絲 ／

冷藏
14
天

材料 INGREDIENT

海帶茸絲400g、南瓜40g、蒜仁20g

調味料 SEASONING

鹽3g、細砂糖80g、韓國辣椒粉3g、鰹魚粉3g、辣油40cc、香油40cc、水果醋120cc

準備處理 PREPARE

海帶茸絲洗淨；南瓜去皮、去籽，切小塊狀。

做法 METHOD

01 海帶茸絲用滾水汆燙約 30 秒，取出瀝乾，放涼備用。

02 取調理機，加入南瓜塊、蒜仁、所有調味料，攪打成醬汁。

03 取保鮮盒，裝入海帶茸絲、醬汁拌勻，放入冰箱冷藏半天即可。

＼Tips／

◆ 海帶茸絲可以換成海帶芽、珊瑚草或其他海帶類等，不易出水或不易腐敗的食材，但醃漬之前，請務必都要先燙熟。

＼ 蜜芋頭 ／

冷藏
5～7
天

材料 INGREDIENT

芋頭600g、水150cc、乾桂花適量

調味料 SEASONING

白細砂糖200g、米酒1大匙、鹽1 / 4小匙

準備處理 PREPARE

芋頭去皮，切塊。

做法 METHOD

01 電鍋內鍋放入芋頭塊，外鍋倒入 1 米杯水，蒸至電源鍵跳起。

02 取調理碗，加入水、所有調味料拌勻。

03 加入芋頭塊之中，外鍋再倒入 1 米杯水，蒸煮第二次。

04 待電源鍵跳起後，燜 15 分鐘。

05 取出放涼，放入冰箱冷藏至冰涼，食用前撒上乾桂花即可。

＼Tips／

◆ 芋頭去皮前不可水洗，釋出的黏液會使皮膚發癢，建議戴上手套，去完皮再沖洗乾淨。

◆ 芋頭熟透之後再加糖，才能將芋頭蒸得透、蒸得鬆。

＼煙燻豆皮香菜捲／

冷藏
2～3
天

▍材料 INGREDIENT

香菜60g、煙燻豆皮4片、榨菜絲120g

▍調味料 SEASONING

醬油膏1大匙

▍準備處理 PREPARE

香菜洗淨擦乾，切去根部再切對半。

▍做法 METHOD

01　豆皮用滾水氽燙 30 秒，取出放涼。

02　將豆皮攤開，鋪放上香菜、榨菜絲。

03　將豆皮包捲起來，切段。

04　表面刷上醬油膏即可。

＼Tips／

◆ 榨菜絲買回來後，先試吃看看味道，若覺得太鹹，就用滾水氽燙30秒，降低鹹味，取出放涼再使用。

◆ 香菜可依個人口味替換成豆芽菜、蘆筍或木耳等，但要先燙熟、瀝乾、放涼再使用。

＼芥末藜麥拌毛豆／

冷藏
5～7
天

可復熱
$SSS

▍材料 INGREDIENT

紅甜椒1 / 3個、蒜仁20g、乾藜麥50g、水200cc、毛豆仁300g

▍調味料 SEASONING

橄欖油1大匙、鹽1 / 2小匙、綠芥末1小匙、細砂糖1 / 2小匙

▍準備處理 PREPARE

紅甜椒切小丁；蒜仁切末。

▍做法 METHOD

01　藜麥放在細篩網上，沖水清洗兩次，泡水（份量外）30 分鐘，瀝乾。

02　鍋子加入水、藜麥，以小火煮 15 分鐘至藜麥熟透，攤開放涼，備用。

03　紅甜椒丁、毛豆仁各別用滾水燙熟後，泡冰開水冰鎮，取出瀝乾。

04　取調理盆，加入蒜末、毛豆仁、紅甜椒丁、藜麥、所有調味料拌勻即可。

＼Tips／

◆ 藜麥是健康的食材，有豐富的膳食纖維，又不含麩質可搭配白米一起煮。

洛神糖醋嫩薑

材料 INGREDIENT

嫩薑600g、乾洛神花8朵、鹽1小匙、
細砂糖1小匙、水400cc、酸梅5粒

調味料 SEASONING

冰糖200g、白醋2大匙

準備處理 PREPARE

嫩薑刷洗乾淨，瀝乾水分，去皮，逆
紋斜切0.2公分的片狀；洛神花洗淨。

做法 METHOD

01. 取調理盆，加入嫩薑片、鹽、細砂糖，
拌抓均勻，醃漬 30 分鐘至軟化。

02. 用冷開水（份量外）洗淨，擠乾水分，
備用。

03. 鍋子加入水、洛神花、酸梅、冰糖煮滾。

04. 關火，再加入白醋拌勻，放涼。

05. 取保鮮盒，加入嫩薑片、做法 4，蓋
緊密封，放入冰箱冷藏 2 小時即可。

\ Tips /

◆ 嫩薑不用去皮，逆紋切片後，纖維就會比較好咬，不會卡在牙縫。

◆ 此配方還可以醃漬白蘿蔔、蓮藕、筊白筍、大頭菜等。

冷藏
14
天

馬鈴薯沙拉

冷藏
1~2
天

材料 INGREDIENT

小黃瓜 1 條、蟹肉棒 4 條、
胡蘿蔔 50g、雞蛋 2 個、
馬鈴薯 2 個

調味料 SEASONING

鹽 1 / 2 小匙、細砂糖 1 小
匙、美乃滋 4 大匙、粗粒黑
胡椒粉 1 / 4 小匙

準備處理 PREPARE

小黃瓜切丁；蟹肉棒剝小塊
狀；胡蘿蔔去皮，切丁。

做法 METHOD

01 雞蛋、胡蘿蔔丁各別用滾水煮熟，取出。

02 白煮蛋去殼，取出蛋黃壓碎，蛋白切丁，備用。

03 小黃瓜片加入少許的鹽（份量外）抓勻，軟化後
擠乾水分，備用。

04 電鍋內鍋放入馬鈴薯，外鍋倒入 1.5 米杯水，蒸
至熟透。

05 取出馬鈴薯去皮，趁熱加入細砂糖，拌壓成泥狀。

06 取調理盆，加入所有材料、所有調味料拌勻即可。

Tips

◆ 如果不想用美乃滋，可以用水果優格代替。
◆ 可依個人喜好加入玉米、火腿、燻雞肉等材料。

\\ 客家油雞 //

材料 INGREDIENT

去骨仿土雞腿1支、青蔥2支、薑片2片、
沙拉油4大匙

調味料 SEASONING

鹽2小匙、味素2小匙、米酒少許

準備處理 PREPARE

青蔥一支切段，另一支切成蔥花。

做法 METHOD

01
電鍋內鍋加入雞腿肉、蔥段、薑片、所有調味料，外鍋倒入2米杯水，蒸至熟透。

02
取出雞腿肉，泡冰開水冷卻，備用。

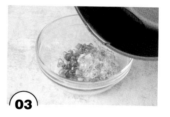

03
取耐熱容器，加入蔥花，淋入170℃的沙拉油，以筷子稍微攪拌即為蔥油。

04
取出雞腿肉切塊，淋上蔥油即可。

\ Tips /

◆ 沒有電鍋，雞腿也可以用水煮，煮約20～30分鐘，保持微微沸騰，關火後浸泡20分鐘左右。

◆ 肉質要軟嫩，浸泡很重要，鍋子大小會影響熟度，大鍋子降溫較慢，鍋子小降溫快，就要增加沸騰的時間。

黃瓜鑲中卷

冷藏
1～2
天

材料 INGREDIENT

A / 小黃瓜 3 條、胡蘿蔔 30g、、蒜仁 5g、
　　鹽 1 / 2 小匙、中卷 2 尾、脆藻 50g
B / 青蔥 5g、薑 5g、米酒 2 小匙

調味料 SEASONING

鹽1 / 2小匙、細砂糖3大匙、白醋
1大匙、香蒜油1 / 2小匙

準備處理 PREPARE

小黃瓜切薄圓片；胡蘿蔔去皮，切絲；蒜仁切末；青蔥切段；薑切片。

做法 METHOD

01
中卷摘除頭部，挖除內臟、
墨囊，抽出魚骨，洗淨。

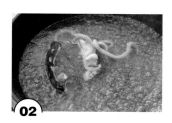

02
滾水加入材料 B，放入中
卷泡煮約 5 分鐘至熟。

03
取出中卷，泡冰開水冰鎮，
備用。

04
取調理盆，加入胡蘿蔔絲、
小黃瓜片、鹽，抓勻至軟，
瀝乾。

05
加入蒜末、脆藻、所有調
味料，拌勻。

06
填入中卷肚子內，切厚片
即可。

\Tips/

◆ 中卷尾端切一小洞，將空氣擠出，填料能得更紮實，切片才不會鬆散。

翡翠白菜捲

冷藏
2~3
天

可復熱
ᔓᔓᔓ

材料 INGREDIENT

A／大白菜 4 片、蟹肉棒 8 條、壽司捲簾 1 卷
B／香菜 10g、紅辣椒 5g、蒜仁 5g

調味料 SEASONING

泰式甜雞醬3大匙

準備處理 PREPARE

大白菜剝成片狀；香菜、紅辣椒、蒜仁切碎。

做法 METHOD

01

取調理碗，加入泰式甜雞醬、材料 B，拌勻即為醬料，備用。

02

大白菜用滾水氽燙至熟，取出。

03

泡冷開水冷卻，取出瀝乾。

04

用廚房紙巾擦乾水分。

05

以頭尾交錯的方式，鋪放在壽司捲簾上。

06

在邊緣放上蟹肉棒。

07

將大白菜葉包成捲狀，切5 公分厚，盛盤，淋上醬料即可。

\ Tips /

◆ 大白菜不只外葉軟嫩好吃，菜心也可以做成涼拌菜「松柏長青」P.80，整個大白菜都能運用，不浪費食材。

◆ 泰式甜雞醬在大買場或泰國商店就能購買到，適合當做涼拌菜或炸物的沾醬。

日式雙色蛋

材料 INGREDIENT

雞蛋8個、長形保鮮盒1個、白醋1大匙

調味料 SEASONING

鹽1/2小匙、細砂糖1小匙、味醂1小匙

準備處理 PREPARE

雞蛋洗淨；取長形保鮮盒，鋪上保鮮膜。

做法 METHOD

01

鍋子加入雞蛋、冷水（份量外）、白醋煮滾（過程中輕輕攪動），轉小火煮8分鐘，關火燜3分鐘。

02

取出雞蛋，浸泡冷水，稍微冷卻。

03

雞蛋放涼後剝去蛋殼，再將蛋白、蛋黃分開。

04

蛋白、蛋黃分別捏壓成細碎狀。

05

各別加入一半的調味料拌勻。

06

取長形保鮮盒，放入蛋白碎，用湯匙背壓緊，

07

再加入蛋黃碎，用湯匙背壓緊。

08

覆蓋保鮮膜，再壓緊，放入冰箱冷藏2小時，取出切塊即可。

\Tips/

◆ 這道雙色蛋為和風風味，是以熟製再壓合的做法，建議趁蛋碎微熱時整形，比較容易。

即食

\ 西芹鳳尾 /

材料 INGREDIENT

西洋芹 4 支、蒜仁 10g、紅辣椒 10g

調味料 SEASONING

醬油3大匙、白醋2大匙、細砂糖1大匙、香油1小匙、辣油1小匙、味素1/2小匙

準備處理 PREPARE

西洋芹剝去外皮，用冷開水洗淨；蒜仁、紅辣椒切末。

做法 METHOD

01

取調理碗，加入蒜末、辣椒末、所有調味料拌勻，備用。

02

取熟食砧板，將每支西洋芹，從底部兩側切平。

03

先斜切 4 刀但切不斷，第5 刀才切斷。

04

再縱切至底部，切成絲狀。

05

泡冰開水 20 分鐘，西洋芹待展開如鳳尾狀，取出瀝乾水分。

06

逐片盛盤排成花形狀，淋上做法 1 即可。

\Tips/

◆ 製作這道料理，西洋芹建議去兩層皮，口感較嫩。

◆ 醬汁可依個人喜好，更換成胡麻醬、麻辣醬、油醋醬等。

＼ 涼拌紅油豆乾丁 ／

冷藏
3～5
天

可復熱
$SSS

材料 INGREDIENT

蒜仁10g、香菜20g、紅辣椒5g、一本萬
利滷水1000cc（見P.164）、豆乾丁300g

調味料 SEASONING

醬油膏2大匙、細砂糖2小匙、辣椒油1小
匙、香油1小匙

準備處理 PREPARE

蒜仁、香菜切碎；紅辣椒去籽，切碎。

做法 METHOD

01 鍋子加入一本萬利滷水、豆乾丁，以
中小火滷 15 分鐘。

02 關火，浸泡滷水 2 小時（最好能泡
1 個晚上）。

03 取調理盆，加入醬油膏、細砂糖拌勻，
再加入蒜碎、辣椒碎、豆乾丁拌勻。

04 最後，拌入辣椒油、香油，撒上香菜
碎即可。

＼Tips／

◆ 此道滷豆丁冷食好吃，熱食也沒問
題，通通都好吃。

◆ 注意！保存豆乾製品，請避開溫度
20～60℃，以免蛋白質發酵壞掉。

＼ 洛神蜜青木瓜 ／

冷藏
5～7
天

材料 INGREDIENT

青木瓜300g、萊姆1／2個、綜合堅果
60g

調味料 SEASONING

細砂糖40g、洛神果醬4大匙

準備處理 PREPARE

青木瓜去皮去籽，切絲； 萊姆刨下皮絲
後，擠出萊姆汁。

做法 METHOD

01 取調理盆，加入青木瓜絲、細砂糖抓
勻。

02 等木瓜稍微軟化後，加入萊姆汁、洛
神果醬拌勻。

03 裝入保鮮盒，再加入萊姆皮絲、綜合
堅果，放入冰箱冷藏 1 天即可。

＼Tips／

◆ 以滲透壓的原理，用細砂糖讓木瓜
達到軟化的效果。

◆ 此道小菜可以使用市售的果醬與濃
縮汁，變化出各種風味。

松柏長青

材料 INGREDIENT

紅辣椒5g、香菜20g、蒜苗20g、蒜仁10g、蒜味花生30g、大白菜心200g、五香豆乾2片

調味料 SEASONING

醬油膏4小匙、鹽1小匙、細砂糖8g、白醋1大匙、雞粉2g、香油1小匙、辣油1小匙

準備處理 PREPARE

紅辣椒去籽,切絲;香菜切3公分段;蒜苗切絲;蒜仁切末;花生稍微搗碎。

做法 METHOD

01 大白菜取嫩芯部位,切8公分長段,再逆紋切細絲。

02 豆乾先橫切,再切成細絲。

03 取調理盆,加入材料(香菜、花生除外)、所有調味料拌勻,盛盤。

04 最後,撒上碎花生、香菜段即可。

\Tips/

◆ 此道小菜,材料切好後,可以放入冰箱冷藏至冰涼,等要吃時再拌入調味料,太早拌的話,白菜的口感會變軟且滲出水分。

╲ 芝麻海帶芽 ╱

即食

材料 INGREDIENT

乾燥海帶芽30g、嫩薑50g、蒜仁10g、熟白芝麻1小匙

調味料 SEASONING

鹽1／2小匙、細砂糖1大匙、干貝粉1／2小匙、香油1小匙、白醋1／2大匙

準備處理 PREPARE

乾燥海帶芽泡冷水20分鐘至漲發，清洗2次；嫩薑切細絲；蒜仁切末。

做法 METHOD

01　白芝麻以乾鍋稍微炒香，備用。

02　海帶芽用滾水汆燙1分鐘，取出。

03　泡冰開水冰鎮，取出瀝乾水分。

04　取調理盆，加入嫩薑絲、蒜末、海帶芽、所有調味料拌勻。

05　盛盤，撒上炒香的白芝麻即可。

╲ Tips ╱

◆ 乾燥海帶芽很輕，請勿一次泡太多，而且膨脹率很高的緣故，泡水時容器要大一點，水要多一點。

冷藏
1～2
天

泰式涼拌青木瓜

材料 INGREDIENT

青木瓜500g、聖女小番茄5粒、蝦米5g、長豇
豆50g、紅辣椒1根、蒜仁10g、香菜10g、熟
花生仁10g

調味料 SEASONING

泰國魚露2大匙、羅望子醬1小匙、新鮮檸檬汁
3大匙、細砂糖2大匙

準備處理 PREPARE

青木瓜去籽去皮，刨成細絲；小番茄切對半；
蝦米泡米酒（份量外）至軟，瀝乾；長豇豆切
段；紅辣椒去籽，切絲；蒜仁切末。

做法 METHOD

01 蝦米、花生仁各別用乾鍋稍
微炒香，備用。

02 取調理盆，加入辣椒絲、蝦
米、蒜末、所有調味料拌勻。

03 加入小番茄，拌至稍微出水。

04 再加入青木瓜絲，拌至稍微
軟化。

05 最後，拌入長豇豆、香菜，
撒上花生仁即可。

\Tips/

◆ 在泰國當地是以陶臼和搗棒來壓碎食材和醬料，使之入味。

◆ 將細砂糖換成椰糖會更有風味，如覺得調味料太複雜，也能用泰式甜雞醬取代。

◆ 刨一些檸檬皮碎，拌入其中，能增添清新的香氣。

◆ 如買不到羅望子醬，可以用檸檬汁代替。

\ 苜蓿芽蛋捲 /

即食

▌材料 INGREDIENT

雞蛋4個、胡蘿蔔30g、苜蓿芽200g、碗豆苗50g、葡萄乾60g、熟白芝麻1小匙

▌調味料 SEASONING

鹽1/3小匙、美乃滋適量

▌準備處理 PREPARE

雞蛋打散成蛋液，倒入細網篩過濾，加入鹽拌勻；胡蘿蔔去皮，切絲；苜蓿芽、碗豆苗洗淨，瀝乾。

▌做法 METHOD

01 取平底不沾鍋，抹上少許食用油，稍微熱油，倒入一半的蛋液，煎成蛋皮，共煎2張。

02 攤開蛋皮，放上苜蓿芽、胡蘿蔔、碗豆苗、葡萄乾。

03 擠上美乃滋，撒上白芝麻。

04 蛋皮邊緣抹上少許美奶滋，包捲起來封口，斜切盛盤即可。

\ Tips /

◆ 苜蓿芽、碗豆苗一定要瀝乾，如果太潮濕，會不易包捲、成品容易鬆散。

◆ 包捲的材料也能依個人口味替換成火腿、豆乾或雞肉絲等。

涼拌海蜇皮

冷藏
2~3
天

材料 INGREDIENT

海蜇皮300g、小黃瓜1條、紅辣椒1／2根、青蔥1／2支、蒜仁10g、金針菇1／2束、香油1大匙、沙拉油1大匙

調味料 SEASONING

XO醬2大匙、細砂糖1大匙、鹽1／2小匙、雞粉1／2小匙

準備處理 PREPARE

海蜇皮切絲；小黃瓜、紅辣椒去籽，切絲，泡冰開水；青蔥切成蔥花；蒜仁切碎；金針菇剝散。

做法 METHOD

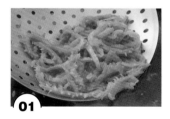

01
海蜇皮用滾水汆燙 30 秒；金針菇汆燙至熟，取出放涼，備用。

02
海蜇皮泡冰開水 5 分鐘，瀝乾備用。

03
香油、沙拉油混合，加熱至 160℃，淋入裝有蔥花、蒜碎的耐熱容器。

04
加入所有調味料拌勻，再加入海蜇皮、金針菇拌勻。

05
最後，加入小黃瓜絲、辣椒絲拌勻即可。

\Tips/

◆ 海蜇皮可以先捲成圓筒狀再切，會比較容易切割。
◆ 泡發乾貨的海蜇皮需要花時間，可以直接購買現成的，快速又方便。

蒜香手撕雞

| 材料 INGREDIENT

A　青蔥1／2支、雞胸肉1付、薑片2片、
　　米酒1小匙、水1／2杯
B　蒜仁30g、香菜5g、豆芽菜100g

| 調味料 SEASONING

醬油2大匙、烏醋1大匙、白醋1大
匙、細砂糖1大匙

| 準備處理 PREPARE

青蔥切段；蒜仁、香菜切碎。

| 做法 METHOD

01
電鍋內鍋加入材料 A，外
鍋倒入 1 米杯水，將雞胸
肉蒸至熟透。

02
取出雞胸肉，泡冰開水冰
鎮，瀝乾水分。

03
將雞胸肉用手剝成絲條
狀，裝入調理盆。

04
加入蒜碎、香菜碎，再加
入所有調味料，拌勻。

05
豆芽菜汆燙至熟、瀝乾，
盛盤鋪底，再放上雞肉絲
即可。

\Tips/

◆　現在便利超商都有現成的水煮雞胸肉，買回家稍微調理一下，快速又方便。
◆　豆芽菜是這道小菜的主體，所以份量要足，也可換成黃豆芽、大陸妹、空心菜等。

雲南大薄片

材料 INGREDIENT

洋蔥1／4個、小黃瓜1／2條、蒜仁50g、熟花生仁10g、豬頭皮300g、熟白芝麻1小匙、香菜5g

調味料 SEASONING

醬油2大匙、白醋1大匙、細砂糖1大匙、辣椒油1小匙、魚露1小匙、花椒油1小匙

準備處理 PREPARE

洋蔥、小黃瓜切絲，泡冰開水，瀝乾後盛盤舖底；蒜仁切末；花生仁稍微搗碎。

做法 METHOD

01
準備一鍋滾水，加入豬頭皮，汆燙至熟。

02
取出，泡冰開水冷卻後，斜切成薄片。

03
再泡冰開水約 5 分鐘，瀝乾水分，盛盤。

04
取調理碗，加入蒜末、白芝麻、所有調味料，拌勻。

05
頭皮薄片上，撒上碎花生，放上香菜即可。

\Tips/

◆ 大薄片是將豬頭皮斜切成很薄的片狀，再放入冰水去除油脂，使口感變脆。

◆ 不喜歡醋酸味，可以將白醋換成檸檬汁，會是另一種風味。

◆ 也可以用豬耳朵、豬五花肉，燙熟切片，來製作這道小菜。

韓式涼拌冬粉

冷藏
2~3
天

可復熱
ᔕᔕᔕ

▎材料 INGREDIENT

菠菜120g、新鮮香菇3朵、胡蘿蔔50g、洋蔥1／4個、新鮮黑木耳60g、蛋皮1張、豬肉絲100g、韓國冬粉150g、香油1小匙、熟白芝麻1小匙

▎調味料 SEASONING

醬油2大匙、蒜泥1小匙、果糖1大匙、麻油1大匙

▎醃料 MARINADE

醬油1／2大匙、米酒1小匙、白胡椒粉1／4小匙、香油1小匙、蒜泥1／2小匙

▎準備處理 PREPARE

菠菜切小段；香菇去蒂，切絲；胡蘿蔔去皮，切絲；洋蔥、黑木耳、蛋皮切絲；豬肉絲加入醃料抓勻。

▎做法 METHOD

01

菠菜用滾水汆燙後，泡冰開水冰鎮，擠乾水分，備用。

02

冬粉放入滾水煮6分鐘（參照包裝建議時間）。

03

取出冬粉，泡入冷開水沖洗。

04

取出冬粉瀝乾，加入香油拌勻，備用。

05

鍋子倒入少許食用油，加入香菇、洋蔥、黑木耳、豬肉絲炒熟。

06

取調理盆，加入冬粉、做法5、蛋絲、菠菜、白芝麻、所有調味料拌勻即可。

> \Tips/
>
> ◆ 冬粉燙好後，要迅速沖冷水降溫，不要泡在水中太久，會爛掉。

＼ 辣拌牛蒡絲 ／

冷藏
3~5
天

｜ 材料 INGREDIENT

冷開水600cc、白醋2大匙、牛蒡300g、小黃瓜1條、蒜仁30g、鹽1／2小匙、細砂糖1小匙、熟白芝麻1小匙

｜ 調味料 SEASONING

韓國辣椒醬2大匙、香油1小匙

｜ 準備處理 PREPARE

冷開水加白醋成醋水；牛蒡削皮，切細絲後泡醋水；小黃瓜切絲；蒜仁切末。

｜ 做法 METHOD

01 牛蒡絲瀝乾水分，裝入調理盆。

02 加入小黃瓜絲、鹽、細砂糖抓勻。

03 靜置 10 分鐘後，瀝乾水分。

04 加入蒜末、白芝麻、所有調味料，拌勻即可。

＼Tips／

◆ 牛蒡切絲後，浸泡白醋水，可以防止氧化、變色。

◆ 牛蒡絲、小黃瓜絲抓勻鹽、細砂糖後，靜置使其軟化。

＼ 蒜蓉醬油茄子 ／

冷藏
1~2
天

｜ 材料 INGREDIENT

茄子600g、蒜仁50g

｜ 調味料 SEASONING

細砂糖3小匙、醬油膏3大匙、香油2小匙

｜ 準備處理 PREPARE

茄子切去蒂頭，切5公分半圓條狀；蒜仁切碎。

｜ 做法 METHOD

01 茄子放入冷水鍋，以中小火煮至熟透，瀝乾水分，盛盤。

02 取調理碗，加入蒜碎、所有調味料，拌勻。

03 將調好的醬汁均勻淋在茄子上即可。

＼Tips／

◆ 汆燙茄子時，容易與空氣中的氧氣產生反應，造成花青素脫色，這時只要將茄子壓入水面下，隔絕空氣，就能大大降低變色的程度。

＼ 蒜苗拌鴨賞 ／

可復熱 SSS

冷藏 **3～5** 天

▌ 材料 INGREDIENT

鴨賞180g、蒜苗1支、紅辣椒1 / 2根

▌ 調味料 SEASONING

細砂糖1小匙、香油1小匙、米酒1小匙

▌ 準備處理 PREPARE

鴨賞瀝掉包裝內的湯水，切片；蒜苗切斜片；紅辣椒去籽，切斜片。

▌ 做法 METHOD

01 取調理盆，加入所有調味料，拌勻。

02 再加入鴨賞片，攪拌均勻。

03 食用前，拌入蒜苗片、辣椒片即可。

＼Tips／

◆ 市售真空包裝的鴨賞，可以放入冰箱冷凍，延長保存期限。

◆ 建議購買切片好的鴨賞，稍微調味一下，加入香辛料就可以美味上桌。

◆ 鴨賞的部分有分腿與胸，通常口感都不錯，不會太硬，如喜歡有口感，可以挑選鴨腿。

◆ 若非蒜苗產季，可以替換成香菜、韭菜、九層塔。

＼ 涼拌沙拉肉鬆過貓 ／

即食

▌ 材料 INGREDIENT

過貓菜500g、肉鬆60g

▌ 調味料 SEASONING

沙拉醬1包

▌ 準備處理 PREPARE

過貓洗淨，剝除粗梗。

▌ 做法 METHOD

01 過貓菜用滾水汆燙至熟（變成深綠色），取出。

02 泡冰開水冰鎮，取出，瀝乾水分。

03 將每支過貓的葉梗，整理成頭尾位置一致，擠乾水分。

04 再用保鮮膜捲成條狀，切 3 公分段。

05 剝除保鮮膜，盛盤，擠上沙拉醬，撒上肉鬆即可。

＼Tips／

◆ 過貓菜應挑選捲曲的嫩芽，或是葉片稍稍展開，葉柄容易折斷的，口感會比較滑嫩。

◆ 過貓菜汆燙過久時，容易造成葉綠素變質，燙完後未快速冷卻降溫，就會泛黃。

胡麻醬佐鮮筍

冷藏
2~3
天

材料 INGREDIENT

綠竹筍3支

調味料 SEASONING

芝麻醬3大匙、柴魚醬油1大匙、白醋2大
匙、味醂1／2大匙、細砂糖1／2大匙、芥末
籽醬1大匙、美乃滋3大匙、橄欖油1大匙

準備處理 PREPARE

綠竹筍切除頂端,剝除一層外殼。

做法 METHOD

01 電鍋內鍋放入綠竹筍,加入
水(水量蓋過竹筍),外鍋
倒入 2 米杯水,蒸至熟透。

02 取出放涼,放入冰箱冷藏 2 小
時,備用。

03 取調理碗,加入所有調味料,
用打蛋器打散即為胡麻醬。

04 竹筍去殼,切除根部較老的
部位,切塊盛盤。

05 最後,淋上胡麻醬即可。

╲Tips╱

◆ 綠竹筍要挑選底部寬、上面彎彎的形狀,顏色微黃,不要有綠綠的。

◆ 胡麻醬可以一次做多一點,放冰箱冷藏保存,能當作涼麵醬、沙拉醬使用。

＼ 韓式辣拌一夜干 ／

▌材料 INGREDIENT

薄鹽鯖魚1片、洋蔥1／2個、
韭菜50g、薑30g、蒜仁20g、
香菜20g、熟白芝麻2小匙

▌調味料 SEASONING

韓國辣椒醬2大匙、果糖1大
匙、韓國香油1小匙

▌準備處理 PREPARE

鯖魚沖洗一下，用廚房紙巾吸
乾水分，切5公分塊狀；洋蔥切
細絲，泡冷開水；韭菜切段；
薑切絲；蒜仁切末。

▌做法 METHOD

01 取平底鍋，倒入食用油1大匙，放入鯖魚
煎至熟。

02 取出放涼，用手將鯖魚剝小塊，備用。

03 取調理盆，加入材料（鯖魚除外）、所有調
味料，拌勻。

04 加入鯖魚肉塊，稍微拌一下即可。

＼Tips／

◆ 如果購買來的鯖魚較鹹，就先泡一下水，
降低鹹度。

◆ 洋蔥絲浸泡冷開水，可以使其口感變脆並
減少辛辣感。

冷藏
2～3
天

可復熱
ⵢⵢⵢ

冷藏
3~5
天

可復熱
sss

\ 香辣花生腐竹 /

材料 INGREDIENT

乾腐竹100g、水煮花生80g、胡蘿蔔30g、小黃瓜30g、紅辣椒20g、蒜仁15g

調味料 SEASONING

醬油膏2大匙、辣油2小匙、細砂糖2小匙

準備處理 PREPARE

乾腐竹泡水至軟；水煮花生去殼；胡蘿蔔去皮，切丁；小黃瓜切丁；紅辣椒去籽，切碎；蒜仁切末。

做法 METHOD

01 水煮花生用滾水汆燙 30 秒，取出備用。

02 小黃瓜、胡蘿蔔各別汆燙至熟，取出備用。

03 再加入腐竹，汆燙 30 ～ 60 秒，取出備用。

04 取調理盆，加入辣椒片碎、蒜末、所有調味料拌勻。

05 最後拌入水煮花生、小黃瓜、胡蘿蔔、腐竹即可。

\ Tips /

◆ 市售腐竹大多都為乾貨，製作前先泡水至軟，再汆燙一下即可食用。

◆ 生鮮超市販售的新鮮腐竹，包裝內的湯汁若是濃稠、有黏稠感，就不建議購買。

優格沙拉筍

冷藏
3~5
天

材料 INGREDIENT

帶殼綠竹筍2根、白米1小匙

調味料 SEASONING

原味優格4大匙、芥末醬1大匙、蜂蜜1大匙

準備處理 PREPARE

竹筍不去殼洗淨。

做法 METHOD

01 取調理碗，加入所有調味料，拌勻成醬料，備用。

02 鍋子加入竹筍、白米、水（水量蓋過竹筍），以大火煮滾。

03 轉中小火，煮 20～30 分鐘成粥狀。

04 關火，蓋上鍋蓋，放涼冷卻後，取出竹筍。

05 竹筍去殼再切成 3 公分滾刀塊，盛盤，淋上醬料即可。

\ Tips /

◆ 竹筍買回家當天烹煮最美味，如放至隔天，甜味會降低，建議要泡水、放入冰箱冷藏，比較能保持鮮度。

◆ 煮竹筍不去殼，甜味較不易流失，若沒有馬上食用，帶殼竹筍和整鍋水，放入冰箱冷藏，能降低表面纖維乾掉硬化。

◆ 水煮竹筍時，加入少許生米，可以使得竹筍保持甜味。

涼拌爽脆魚皮

材料 INGREDIENT

吳郭魚魚皮300g、小黃瓜100g、紅辣椒5g、蒜仁20g、鹽少許

調味料 SEASONING

醬油膏2大匙、細砂糖2小匙、米酒1小匙、白醋1小匙、香油2小匙

準備處理 PREPARE

魚皮洗淨，泡水；小黃瓜去籽囊，切塊；紅辣椒去籽，切小丁；蒜仁切碎。

做法 METHOD

01 小黃瓜塊加入鹽，拌勻，靜置5分鐘。

02 用冷開水將鹽沖洗掉，瀝乾備用。

03 水煮滾後關火，放入魚皮汆燙一下，馬上取出。

04 馬上泡冰開水冰鎮後，瀝乾水分，備用。

05 取調理盆，加入蒜碎、辣椒丁、所有調味料拌勻。

06 加入魚皮，攪拌均勻。

07 加入小黃瓜拌勻，放入冰箱冷藏30分鐘即可。

Tips

◆ 魚皮在市場就可以買到，富含膠原蛋白，少脂肪，無膽固醇，香Q好吃，冰過後更是夏日清爽無負擔的小菜首選。

川味椒麻雞

即食

可復熱

材料 INGREDIENT

洋蔥1／4個、紫洋蔥1／4個、蒜仁10g、香菜5g、紅辣椒5g、去骨雞腿肉2支、冷開水2大匙

粉料 POWDER

細地瓜粉80g、太白粉20g

醃料 MARINADE

鹽1／4小匙、米酒1小匙、白胡椒粉1／4小匙

調味料 SEASONING

醬油2大匙、魚露1大匙、烏醋1大匙、細砂糖1小匙、辣椒油1小匙、花椒油1／2小匙、花椒粉0.5g

準備處理 PREPARE

洋蔥、紫洋蔥切絲，泡冰開水；蒜仁、香菜切碎；紅辣椒去籽，切碎；細地瓜粉、太白粉混合均勻。

做法 METHOD

01

取調理碗，加入冷開水、蒜碎、辣椒碎、所有調味料拌勻即為醬汁，備用。

02

取調理盆，加入雞腿肉、所有醃料，抓醃均勻，靜置10分鐘。

03

雞腿肉表面均勻沾裹上粉料，靜置5分鐘反潮。

04

熱鍋倒入少許食用油，放入雞腿肉，煎至表皮金黃酥脆，取出切2公分寬的條狀。

05

洋蔥絲盛盤鋪底，放上雞腿肉，淋上醬汁，撒上香菜碎即可。

Tips

◆ 麻香十足的川味椒麻雞，花椒扮演很重要的關鍵角色，但花椒種類眾多，故以花椒粉來製作，最易取得。

＼蒜泥白肉／

材料 INGREDIENT

小黃瓜1條、蒜仁30g、冷開水2大匙、豆芽菜80g、米酒少許、豬五花肉片200g

調味料 SEASONING

醬油膏3大匙、細砂糖1小匙、辣油1大匙

準備處理 PREPARE

小黃瓜洗淨；蒜仁切碎。

做法 METHOD

01
取調理碗，加入冷開水、蒜碎、所有調味料，拌勻成蒜泥醬，備用。

02
小黃瓜用削皮刀削成長條狀，備用。

03
豆芽菜用滾水汆燙一下，取出瀝乾，盛盤鋪底。

04
滾水加入米酒、豬肉片，汆燙至熟，取出。

05
4片小黃瓜片稍微重疊鋪放，再放上2片豬肉片。

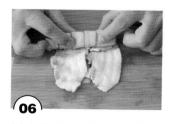
06
以小黃瓜包捲起來，放在豆芽菜上。

07
最後，淋上蒜泥醬即可。

Tips

◆ 選用市售的豬五花肉片，可以節省切割豬肉的時間與功夫。

◆ 小黃瓜不醃漬，是因為能冷藏存放再沾醬食用，如要即食也能醃一下再捲起來。

越南蝦捲

冷藏 **1~2** 天

材料 INGREDIENT

草蝦150g、美生菜100g、紫甘藍40g、小黃瓜50g、胡蘿蔔50g、蒜仁20g、水4大匙、越南春捲皮8張、薄荷葉20g

調味料 SEASONING

海鮮醬4大匙、花生醬2大匙

準備處理 PREPARE

草蝦洗淨，挑去腸泥；美生菜、紫甘藍，切絲；小黃瓜切條狀；胡蘿蔔去皮，切絲；蒜仁切碎。

做法 METHOD

01

鍋子倒入少許食用油，加入蒜碎爆香。

02

加入水、所有調味料，煮至沸騰即為醬料，備用。

03

草蝦放入滾水燙熟，取出。

04

泡入冰開水冰鎮後，去頭剝殼，橫剖兩半，備用。

05

越南春捲皮撒上少許冷開水。

06

在中心等距放上蝦仁、薄荷葉。

07

上半部再放上美生菜、紫甘藍、小黃瓜、胡蘿蔔。

08

拉起春捲皮，包覆住所有材料。

09

將春捲皮左右往內折起。

10

再將整條盡量緊實捲好，沾醬料食用即可。

Tips

◆ 越南春捲皮又稱越南米皮，是用米漿蒸熟再曬乾的食品，在大賣場或泰越食品行都有販售。

◆ 春捲皮不能泡水太久，否則會太軟、太黏，失去口感。

＼涼拌黃瓜條 ／

冷藏
3~5
天

▍材料 INGREDIENT

小黃瓜600g、紅辣椒10g、蒜仁30g、鹽8g、水2小匙

▍調味料 SEASONING

細砂糖4小匙、糯米醋4小匙、醬油2大匙

▍準備處理 PREPARE

小黃瓜切去頭尾，切5公分段後，再分切成條狀，並切去籽囊；紅辣椒去籽後，切片；蒜仁切碎。

▍做法 METHOD

01 取調理盆，加入黃瓜條、鹽，用手抓勻。

02 靜置 30 分鐘，等脫水（每 15 分鐘翻勻一次）後，擠乾水分，備用。

03 鍋子加入水、所有調味料煮滾，關火放涼。

04 取保鮮盒，加入黃瓜條、辣椒片、蒜碎、做法 3，放入冰箱冷藏 1 天即可。

＼Tips ／

◆ 如果小黃瓜未確實脫水，保存期限便會縮短。

＼越南涼拌牛肉 ／

即食

▍材料 INGREDIENT

洋蔥1／2個、聖女小番茄6粒、紅辣椒1根、香菜50g、蒜仁20g、熟花生仁50g、雪花牛肉片200g、薄荷葉10g

▍調味料 SEASONING

越南魚露1大匙、檸檬汁2大匙、細砂糖1大匙

▍準備處理 PREPARE

洋蔥切細，泡冰開水；小番茄切小塊；紅辣椒去籽，切碎；香菜切段；蒜仁切末；花生仁稍微搗碎。

▍做法 METHOD

01 準備一鍋滾水，加入雪花牛肉片，燙至 9 分熟，取出放涼。

02 取調理盆，加入備好的所有材料、調味料拌勻，撒上碎花生、薄荷葉即可。

＼Tips ／

◆ 因為肉質要嫩一點，所以選用雪花牛肉片，也能以豬肉片或雞肉片代替。

◆ 牛肉片汆燙約10秒鐘，大概9分熟，取出時還有餘熱便會熟了。

＼ 黑胡椒素雞 ／

可復熱 SSS

冷藏 2~3 天

▌材料 INGREDIENT

素雞5條、紅辣椒10g、香菜10g、蒜仁30g

▌調味料 SEASONING

粗粒黑胡椒粉1小匙、醬油膏2大匙、香油1小匙、細砂糖1小匙

▌準備處理 PREPARE

素雞切1公分厚圓片；紅辣椒去籽，切碎；香菜、蒜仁切碎。

▌做法 METHOD

01 素雞用滾水汆燙 1 分鐘，取出瀝乾，備用。

02 取調理盆，加入香菜碎、辣椒碎、蒜碎、所有調味料拌勻。

03 再加入素雞，拌勻即可。

＼Tips／

◆ 切素雞需要多注意厚薄度，若太薄，素雞會散開，不成形。

＼ 鹽麴雙蔬 ／

可復熱 SSS

冷藏 1~2 天

▌材料 INGREDIENT

蘆筍10支、茄子1條、蒜仁5g、冷開水1大匙

▌調味料 SEASONING

鹽麴3大匙、香油1小匙

▌準備處理 PREPARE

粗蘆筍削除前端硬皮，切6公分段；茄子切6公分段，再依粗細切成2~4等份，泡水；蒜仁切末。

▌做法 METHOD

01 蘆筍用滾水汆燙 40 秒，取出泡冰開水冰鎮，備用。

02 茄子皮朝下，壓入滾水煮 2 分鐘至熟，取出泡冰開水冰鎮，備用。

03 取調理碗，加入蒜末、冷開水、所有調味料，拌勻。

04 蘆筍、茄子瀝乾水分，盛盤，淋上做法 3 即可。

＼Tips／

◆ 鹽麴還可以用來醃漬豬肉、雞肉等各式肉類，能讓肉質變軟嫩。

◆ 燙煮茄子時，要壓入水中，避免浮起來接觸空氣，表皮比較不會變色。

泰式涼拌海鮮

材料 INGREDIENT

A ／ 中卷100g、草蝦100g、蛤蠣50g、香菜10g、熟花生仁10g、鹽少許、米酒少許

B ／ 芹菜80g、洋蔥1／6個、聖女小番茄6粒、紅辣椒2根、蒜仁15g

調味料 SEASONING

泰式酸甜醬4大匙、新鮮檸檬汁1大匙

準備處理 PREPARE

中卷摘除頭部，挖除內臟、墨囊，抽出魚骨，切2公分圈狀；草蝦剪去尖刺，挑去腸泥；蛤蠣泡水吐沙；香菜切段；花生仁稍微搗碎；芹菜用菜刀拍打過，再切5公分段；洋蔥切絲；小番茄對切；紅辣椒、蒜仁切碎。

做法 METHOD

01 中卷加入鹽、米酒，拌抓均勻。

02 中卷、草蝦、蛤蠣各別用滾水燙熟。

03 中卷、草蝦泡冰開水冰鎮，瀝乾水分，備用。

04 取調理盆，加入材料 B、所有調味料，拌勻。

05 再加入中卷、蛤蠣、草蝦，拌勻入味。

06 加入香菜拌勻，盛盤，撒上碎花生即可。

\ Tips /

◆ 芹菜切段後，用菜刀刀面稍微拍打過，能讓香氣更散發出來。

五味中卷

材料 INGREDIENT

A / 中卷2尾、青蔥1 / 2支、薑片2片、
米酒少許

B / 薑8g、蒜仁15g、紅辣椒8g、香
菜15g、冷開水2大匙

調味料 SEASONING

番茄醬5大匙、醬油膏3大匙、細砂糖
1大匙、白醋1大匙、香油1大匙

準備處理 PREPARE

中卷摘除頭部，挖除內臟、墨囊，抽
出魚骨，頭部尖端切一個小洞；薑、
蒜仁切末；紅辣椒、香菜切碎。

做法 METHOD

01 取調理碗，加入材料 B、所有調味料，
拌勻成五味醬，備用。

02 滾水加入材料 A，將中卷泡煮 5 分鐘至熟。

03 取出中卷，泡冰開水冰鎮，瀝乾水分。

04 對切再切斜片，盛盤，淋上五味醬即可。

Tips

◆ 五味醬如要保存久一些，製作時先不要
加入辛香料，等要食用時再混合。

◆ 在中卷尾巴切一小洞，可以防止氽燙時
浮起。

⟍ 涼拌梳子豆薯 ⟋

冷藏
5~7
天

▍材料 INGREDIENT

豆薯500g、紅辣椒5g、香菜5g、蒜仁15g、鹽2小匙

▍調味料 SEASONING

細砂糖1大匙、白醋1大匙、香油1小匙

▍準備處理 PREPARE

豆薯去皮，洗淨；紅辣椒斜切圓片；香菜切段；蒜仁切碎。

▍做法 METHOD

01
豆薯先切成長方塊狀

02
於其中一面，連續切數刀2公分深，但不切斷。

03
轉向，再切 0.5 ～ 1 公分段，成梳子塊狀。

04
取保鮮盒，加入豆薯、鹽拌勻，靜置 30 分鐘（每15 分鐘翻動一次）。

05
將豆薯滲出的水倒掉。

06
加入辣椒片、蒜碎、香菜段、所有調味料拌勻，蓋緊密封，放入冰箱冷藏 1晚即可。

\Tips/

◆ 涼拌蔬菜多以刀工切出刀痕，使得縮短醃漬的時間、加速入味。

冷藏
2~3
天

可復熱
ﾟﾟﾟ

\\ 口水雞 //

材料 INGREDIENT

A / 青蔥1／2支、薑片2片、去骨仿土雞腿1支、米酒少許、鹽1小匙

B / 高麗菜200g、熟花生仁20g、熟白芝麻1小匙、冷開水3大匙

調味料 SEASONING

辣椒油1大匙、辣豆瓣1小匙、花椒油1小匙、芝麻醬1小匙、蠔油2大匙、烏醋1大匙、米酒1大匙、細砂糖2小匙

準備處理 PREPARE

高麗菜切絲，用冷開水沖洗，瀝乾，盛盤鋪底；花生仁稍微搗碎；青蔥切段。

做法 METHOD

01 電鍋內鍋加入材料 A，外鍋倒入 1 米杯水，蒸至熟透。

02 取出雞腿，泡冰開水（份量外）冰鎮，備用。

03 取調理碗，加入白芝麻、冷開水、所有調味料，拌勻即為醬汁。

04 取出雞腿，切條狀盛盤，淋上醬汁，撒上碎花生即可。

\ Tips /

◆ 口水雞的靈魂就是醬汁，香麻開胃，至於主食材的雞腿肉，則可以無骨雞胸、豬肉片替換。

麻醬雞絲拉皮

即食

| 材料 INGREDIENT

A / 青蔥1 / 2支、薑片2片、雞胸肉
1付、米酒1小匙、水1 / 2杯

B / 小黃瓜50g、綠豆粉皮1張、冷
開水1大匙

| 調味料 SEASONING

芝麻醬4大匙、無糖花生醬1大匙、
醬油4大匙、細砂糖2小匙、烏醋1小
匙、麻油1小匙

準備處理 PREPARE

小黃瓜切絲，泡冰開水；青蔥切段。

做法 METHOD

01

粉皮泡冷開水至軟。

02

取出，切成寬條狀，備用。

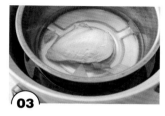

03

電鍋內鍋加入材料 A，外鍋倒入 1 米杯水，蒸至雞胸肉熟透。

04

取出雞胸肉，泡冰開水冰鎮。

05

再用手撕成雞絲，備用。

06

取調理盆，加入冷開水、所有調味料拌勻成醬汁。

07

粉皮、雞絲、小黃瓜絲依序盛盤，淋上醬汁即可。

\ Tips /

◆ 市售現成粉皮之外，也可以用越南米皮替換，吃起來有飽足感卻無負擔，是體重控制的好選擇。

越南涼米線

冷藏
1~2
天

▌材料 INGREDIENT

A／紫洋蔥1／3個、小黃瓜100g、胡蘿蔔100g、 米線80g
B／青蔥1／2支、薑片2片、雞胸肉200g、米酒1小匙、水1／2杯
C／紅辣椒1／2根、蒜仁20g、九層塔30g、冷開水4大匙

▌調味料 SEASONING

越南魚露4大匙、細砂糖5大匙、新鮮檸檬汁4大匙

準備處理 PREPARE

紫洋蔥切絲，泡冰開水（份量外）20分鐘；小黃瓜切絲；胡蘿蔔去皮，切絲；青蔥切段；紅辣椒去籽，切碎；蒜仁切末；九層塔切絲。

做法 METHOD

01

米線浸泡冷水，靜置 10 分鐘。

02

放入滾水汆燙 3～5 分鐘，待色澤由透明變白色。

03

取出，泡冰開水（份量外）冰鎮，瀝乾備用。

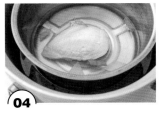

04

電鍋內鍋加入材料 B，外鍋倒入 1 米杯水，蒸至雞胸肉熟透。

05

取出雞胸肉，泡冰開水（份量外）冰鎮。

06

再用手撕成雞絲，備用。

07

取調理碗，加入材料 C、所有調味料，拌勻成醬汁。

08

米線、小黃瓜絲、胡蘿蔔絲、紫洋蔥絲、雞絲依序盛盤，淋上醬汁即可。

\ Tips /

◆ 除了脫水乾燥的米線，市面上也有販賣新鮮的米線，就可以直接使用，節省時間。

涼拌鮪魚洋蔥

即食

材料 INGREDIENT

洋蔥1個、香菜30g、紅辣椒5g、鮪魚罐頭1罐、柴魚片10g

調味料 SEASONING

鮪魚罐頭汁1大匙

準備處理 PREPARE

洋蔥逆紋切絲；香菜切段；紅辣椒去籽，切絲。

做法 METHOD

01 洋蔥絲、香菜段、紅辣椒絲用過濾水，以流水沖泡5分鐘，取出瀝乾。

02 放入冰箱冷藏30分鐘，備用。

03 罐頭取出鮪魚肉，用湯匙稍微壓散，並保留湯汁。

04 取調理盆，加入材料（柴魚片除外）、罐頭湯汁拌勻。

05 盛盤，撒上柴魚片即可。

＼Tips／

◆ 洋蔥逆紋切絲，纖維短，好咀嚼，浸泡流水後能去除辛辣味，又能增加脆度。

◆ 這道是即食小菜，鮪魚的鹹味會讓洋蔥絲變軟、失去口感，要盡快食用。

煙燻鮭魚鳳梨捲

即食

材料 INGREDIENT

煙燻鮭魚1包（約200g）、鳳梨300g

調味料 SEASONING

白糖2大匙、七味粉1小匙

準備處理 PREPARE

煙燻鮭魚斜切長片狀；鳳梨去皮，切3～4公分條狀。

做法 METHOD

01 取熟食砧板，平鋪上煙燻鮭魚片。

02 放上鳳梨條，捲起來。

03 表面撒上白糖，用噴火槍炙烤至焦糖化。

04 最後，撒上七味粉即可。

＼Tips／

◆ 如沒有噴火槍，做法3可以放入烤箱或氣炸鍋，以230℃加熱5分鐘。

◆ 透過炙燒可以使食材油脂軟化並增香，別有一番風味。

＼ 涼拌荷包蛋 ／

即食

▌ 材料 INGREDIENT

聖女小番茄10粒、紫洋蔥1 / 2個、小黃瓜60g、香菜5g、雞蛋4個、熟白芝麻1 / 2小匙

▌ 調味料 SEASONING

泰式甜雞醬2大匙

▌ 準備處理 PREPARE

小番茄對切；紫洋蔥切絲，泡冰開水；小黃瓜切條狀；香菜切碎。

▌ 做法 METHOD

01 鍋子倒入食用油3大匙，稍微熱油，打入雞蛋，半煎炸至金黃香酥的荷包蛋，備用。

02 取調理盆，加入紫洋蔥、小番茄、小黃瓜、泰式甜雞醬拌勻，盛盤。

03 將荷包蛋盛盤，最後撒上白芝麻、香菜碎即可。

＼Tips／

◆ 蔬菜與醬料拌勻後容易出水，荷包蛋也會越泡越鹹，建議現拌現吃。

◆ 洋蔥泡水能降低辛辣感，並且增加脆度。

＼ 腐乳筊白筍 ／

冷藏
2～3
天

▌ 材料 INGREDIENT

筊白筍300g、紅辣椒1 / 2根、豆腐乳20g、冷開水1大匙、熟黑芝麻1 / 2小匙

▌ 調味料 SEASONING

細砂糖1大匙、醬油1 / 2小匙

▌ 準備處理 PREPARE

筊白筍去殼，切成約5公分長細絲；紅辣椒去籽，切碎。

▌ 做法 METHOD

01 取調理碗，加入豆腐乳，壓成泥狀。

02 加入冷開水、辣椒碎、所有調味料，拌勻成醬料，備用。

03 筊白筍絲用滾水汆燙至熟，取出瀝乾。

04 盛盤，淋上醬料，撒上黑芝麻即可。

＼Tips／

◆ 避免購買筍殼過綠的筊白筍，口感較老，纖維較多。

◆ 筊白筍買回家趁早吃，避免鮮甜味流失，若要放入冰箱，就先不清洗，用報紙包住再用塑膠袋包好，可保存約3～4天。

冷藏
2~3
天

\ 芥末魚卵沙拉 /

材料 INGREDIENT

冷凍熟魚卵2條（約250g）、紫洋蔥1 / 2
個、美生菜2片

調味料 SEASONING

美乃滋3大匙、法式芥末醬2大匙、蜂蜜
1大匙

準備處理 PREPARE

熟魚卵解凍，稍微清洗過，擦乾；紫洋
蔥、美生菜切細絲，泡冷開水。

做法 METHOD

01 洋蔥絲、生菜絲瀝乾水分，盛盤。

02 熟魚卵刷上少許食用油，放入烤箱，
以 120℃烘烤 12 分鐘。

03 取出放涼，切 0.5 公分圓片，盛盤。

04 取調理碗，加入所有調味料拌勻，
裝入兩斤袋，綁好封口。

05 尖端剪一個小洞，擠在魚卵上即可。

\ Tips /

◆ 熟魚卵在賣場的冷凍區，或菜市場都買得到，雖然已經煮熟，但還是要加熱。

◆ 魚卵除了用烤的，也可以用氣炸、油炸、油煎等烹調方式。

\ 洋蔥花式皮蛋 /

冷藏 **1~2** 天

材料 INGREDIENT

紫洋蔥1／2個、檸檬1／2個、皮蛋3個、熟白芝麻1／2小匙

調味料 SEASONING

鹽1／4小匙、醬油1大匙、味醂1大匙、白醋1大匙

準備處理 PREPARE

紫洋蔥切除蒂頭，去皮，切成0.2公分細絲；檸檬去籽，榨成汁。

做法 METHOD

01 洋蔥絲泡冰開水 20 分鐘，備用。

02 電鍋內鍋放入皮蛋，外鍋倒入 1 米杯水，蒸至熟透，取出放涼。

03 皮蛋剝除蛋殼，切成 6 等份，盛盤。

04 取調理盆，加入檸檬汁、所有調味料拌勻。

05 取出洋蔥絲瀝乾，加入調理盆拌勻，盛盤。

06 最後，撒上白芝麻即可。

\Tips/

◆ 燙熟皮蛋會比較好切割，方便食用，如喜歡膏狀感的皮蛋蛋黃，就可以不用燙熟。

怪味醬豆魚

冷藏
1~2
天

材料 INGREDIENT

豆芽菜200g、薑泥1 / 2小匙、蒜泥
1 / 2小匙、腐皮4片、熟白芝麻1小匙

調味料 SEASONING

A　芝麻醬2大匙、烏醋1大匙、白醋1小
　　匙、醬油1大匙、細砂糖1大匙

B　花椒油1小匙、辣椒油1小匙

準備處理 PREPARE

豆芽菜剝去頭尾，洗淨。

做法 METHOD

01
取調理碗，加入薑泥、蒜泥、
白芝麻、調味料 A 拌勻。

02
加入調味料 B，拌勻即為
怪味醬，備用。

03
黃豆芽用滾水汆燙至熟，
瀝乾水分。

04
將腐皮攤開，在一側鋪上
豆芽菜。

05
用腐皮捲起豆芽菜成長
條狀。

06
在腐皮封口處塗抹上一點
水，然後捲完。

07
煎至表面金黃，切塊盛
盤，淋上怪味醬即可。

\Tips/

◆ 腐皮碰水易爛，所以豆芽菜燙完後，要盡量瀝乾，
　 避免包捲腐皮時溢出汁水。

四喜素春捲

冷藏
2~3
天

材料 INGREDIENT

素火腿100g、小黃瓜1條、蘋果1／2個、胡蘿蔔100g、春捲皮
4張、壽司捲簾1卷、海苔2張

調味料 SEASONING

沙拉醬1條

準備處理 PREPARE

素火腿、小黃瓜切長方條狀；蘋果去皮去籽，切長方條狀；胡蘿蔔去皮，切長方條狀。

做法 METHOD

01 胡蘿蔔條用滾水燙熟，瀝乾放涼，備用。

02 鍋子倒入少許食用油，加入素火腿條煎熟，取出放涼，備用。

03 春捲皮攤平在壽司捲簾上，均勻擠上沙拉醬。

04 平鋪上一張海苔。

05 將素火腿、蘋果、小黃瓜、胡蘿蔔疊放成正方形。

06 沾一點水，塗抹在腐皮封口處，捲好。

07 用春捲皮捲起，切2公分段即可。

Tips

◆ 春捲皮必須要包捲緊實，切開時才比較不易鬆散。
◆ 可依個人的喜好，替換成蝦子等其他食材，但一樣必須找四種食材，才符合「四喜」的寓意。

\ 香辣波羅蜜 /

冷藏
1～2
天

材料 INGREDIENT

蒜仁10g、紅辣椒10g、香菜10g、波羅蜜
果肉300g、橄欖油2大匙、熟白芝麻1／2
小匙、熟黑芝麻1／2小匙

調味料 SEASONING

是拉差醬1大匙、果糖1大匙、蠔油
1大匙、白醋1小匙

準備處理 PREPARE

蒜仁、紅辣椒切碎；香菜切段。

做法 METHOD

01

波羅蜜果肉剖開去籽，切
條狀。

02

放入調理盆，加入橄欖油
拌勻。

03

加入蒜碎、辣椒碎、香菜段。

04

加入所有調味料，拌勻。

05

最後，撒上芝麻拌勻即可。

\ Tips /

◆ 如波羅蜜果肉帶有黏液，用滾水汆燙1分鐘後泡冷開水即可去除。

◆ 自己剝整個的波羅蜜的話，建議戴著手套會比較好操作。

三色蛋

冷藏
3～5
天

可復熱
♨♨♨

材料 INGREDIENT

雞蛋6個、鹹蛋2個、皮蛋2個、長方形鋁箔盒1個

調味料 SEASONING

柴魚醬油2小匙、味醂1小匙、米酒1小匙

準備處理 PREPARE

雞蛋將蛋黃、蛋白分開，蛋白加入所有調味料，拌勻。

做法 METHOD

01
鍋子加入鹹蛋、皮蛋、冷水（份量外）煮滾，轉小火再煮 10 分鐘。

02
取出鹹蛋、皮蛋，泡冷水冷卻。

03
鹹蛋、皮蛋剝去蛋殼，切 2 公分丁狀，備用。

04
取長方形鋁箔盒，內底鋪上保鮮膜。

05
依序放入皮蛋丁、鹹蛋丁，再倒入蛋白液。

06
放入電鍋，外鍋倒入 1 米杯水，按下電源鍵，等水滾沸後才蓋上鍋蓋，蒸 2 分鐘。

07
鍋蓋插入竹籤（鍋蓋留點縫隙），再蒸 5 分鐘。

08
加入蛋黃液，再蒸 15 分鐘，取出放涼，切厚片即可。

\Tips/

◆ 蒸蛋時，鍋蓋插一支筷子，留個縫隙，鍋內壓力才不會使蒸蛋過度膨脹而影響外觀。

◆ 也可以將全部材料直接混合、蒸煮，只是就沒有色差分層，但不影響味道。

◆ 若蒸過久而產生綠綠的色澤，請不要擔心，這是蛋黃液酸鹼值偏高的緣故，請安心食用。

CHAPTER 3

不只熱食，放涼
吃也沒問題
「快炒小菜」

熱炒店的菜色五花八門，料理手法多元，大致分為炒、炸、烤、煮等方式，
口味通常較重油重鹹，其中就包含快炒小菜。
快炒講求速度與大火，下鍋後快速拌炒的烹調方式，
除了鹹香下飯，更適合搭配沁涼到不行的啤酒，絕對是下酒菜的最佳選擇！
本書收錄的快炒小菜不只能熱食，放涼食用也沒問題！

蜜汁豆乾

冷藏
5~7
天

可復熱
SSS

材料 INGREDIENT

五香大豆乾1kg、薑10g、八角3粒、甘草片2片、水500cc 、熟白芝麻1小匙

調味料 SEASONING

醬油1／2杯、冰糖120g、黑糖2大匙、老抽1大匙、香油1小匙

準備處理 PREPARE

五香大豆乾切9小塊，泡水10分鐘，瀝乾；薑切片。

做法 METHOD

01

鍋子倒入食用油 3 大匙，加入薑片，以小火爆香。

02

加入八角、甘草片、醬油，煮至飄香。

03

加入豆乾丁、水、冰糖、黑糖、老抽煮滾。

04

轉中小火，蓋上鍋蓋，煮20 分鐘。

05

打開鍋蓋，上下翻炒均勻，重複動作 3 次至湯汁變少、變稠。

06

淋入香油，撒上白芝麻，關火，蓋上鍋蓋放涼即可。

\Tips/

◆ 五香大豆乾切成2X2公分最恰當，如是較小的豆乾，則切4塊丁狀就好。

◆ 豆乾炒好放涼，自然會熟成，風味較佳，也會較入味。

◆ 醬汁要不斷翻炒，炒至能附著在豆乾上。

◆ 如果炒得份量較多，可以分裝抽真空，放冷凍保存。

小卷醬

冷藏
14
天

可復熱
ⵢⵢⵢ

▌材料 INGREDIENT

A 青蔥1支、低鹽小卷300g、水1000cc、
米酒2大匙、薑片2片

B 豆豉30g、紅辣椒200g、蒜仁50g、新鮮
紅蔥頭50g、玻璃瓶1個、沙拉油1.5杯

▌調味料 SEASONING

辣豆瓣1大匙、沙茶醬1大匙、蠔油
1大匙、冰糖1／2大匙、白胡椒粉
1／3小匙、鰹魚粉1小匙

▌準備處理 PREPARE

青蔥切段；豆豉稍微清洗，瀝乾；紅辣椒切圈；蒜仁切碎；紅蔥頭切片；玻璃瓶確
實消毒。

做法 METHOD

01

紅蔥頭片放入 160℃的油鍋，炸至稍微上色。

02

倒入濾網瀝油，即為紅蔥頭酥，備用。

03

鍋子加入材料 A，小卷汆燙 2 分鐘，取出瀝乾。

04

小卷放入 170℃的油鍋，炸至外皮起泡，取出瀝油，備用。

05

另取鍋子倒入沙拉油，加入蒜碎炒香，再加入辣椒圈炒 5 分鐘至油呈現清澈。

06

加入豆豉、小卷、所有調味料，拌炒 3 分鐘。

07

再加入紅蔥頭酥，拌炒 2 分鐘，關火。

08

趁熱裝入玻璃瓶，油量蓋過食材，蓋緊密封，放涼即可。

\ Tips /

◆ 小卷挑選低鹽、尺寸約3公分大小。

◆ 因為小卷鹽漬程度的不同，添加調味料時，請依個人口味斟酌調整。

◆ 另外，可以加入蒸軟、擠乾水分的小珠貝，讓豐富度再升級。

◆ 趁熱裝瓶，封蓋密封，倒置一段時間（熱充填），即可常溫保存1～3個月。

冷藏
5~7
天

＼焦糖核桃丁香魚 ／

材料 INGREDIENT

丁香魚乾200g、熟核桃100g

調味料 SEASONING

細砂糖3大匙、味醂2大匙、醬油2大匙

準備處理 PREPARE

丁香魚乾清洗乾淨。

做法 METHOD

01

核桃放入烤箱，以120℃烘烤10分鐘，取出放涼，備用。

02

丁香魚乾用滾水汆燙2分鐘，取出瀝乾。

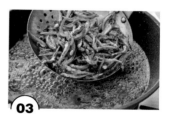

03

丁香魚放入170℃的油鍋，炸15～20秒至酥脆，取出瀝油，備用。

04

取不沾鍋，倒入食用油1大匙，加入所有調味料，煮至變稠有焦糖香。

05

關火，加入丁香魚乾、核桃，快速翻炒均勻。

06

倒入不沾烤盤，攤開吹涼即可。

＼Tips／

◆ 將拌炒好的丁香魚乾、核桃攤開在烤盤上，除了加速冷卻，也是為了防止彼此沾黏。

冷藏
2~3
天

可復熱
sss

\ 腐竹炒雪菜 /

材料 INGREDIENT

乾腐竹80g、雪菜200g、蒜仁20g、紅辣椒1根、水1／2杯

調味料 SEASONING

鹽1小匙、味素1小匙、白胡椒粉1／2小匙、香油1大匙

準備處理 PREPARE

乾腐竹泡水2小時，取出瀝乾，切5公分段；雪菜泡水至葉子打開，洗淨擠乾水分，切碎；蒜仁切碎；紅辣椒切薄圓片。

做法 METHOD

01 取調理盆，加入腐竹、水（份量外），靜置30分鐘至軟化。

02 腐竹放入滾水汆燙1分鐘，取出瀝乾，備用。

03 鍋子倒入少許食用油，加入蒜碎、辣椒爆香，再加入雪菜炒香。

04 加入腐竹、水、調味料（香油除外），煮2分鐘。

05 最後，淋入香油即可。

\ Tips /

◆ 市售腐竹大多都為乾貨，製作前先泡水至軟，再汆燙一下即可食用。

◆ 這道小菜不能燜煮太久或蓋鍋蓋，雪菜會失去翠綠色，變得微黃。

蜜汁牛蒡

冷藏
3~5
天

材料 INGREDIENT

A　牛蒡1支（約400g）、低筋麵粉50g、水1大匙、熟白芝麻1小匙、熟黑芝麻1小匙

B　白醋2大匙、水2杯

調味料 SEASONING

細砂糖2大匙、醬油1大匙、白醋1/2大匙

準備處理 PREPARE

牛蒡削除薄皮，斜切薄片，泡流水3分鐘，再泡醋水（材料B）10分鐘。

做法 METHOD

01

牛蒡片瀝乾，用廚房紙巾吸乾水分。

02

放入調理盆，撒上低筋麵粉，拌勻。

03

牛蒡片放入160℃的油鍋，炸至酥脆，瀝油備用。

04

另取鍋子，倒入食用油1大匙，加入水、所有調味料，煮至微稠。

05

關火，加入牛蒡片，翻炒均勻，確實沾裹上醬汁。

06

最後，撒上白、黑芝麻拌勻即可。

\Tips/

- ◆ 牛蒡片先泡流水再泡醋水，可以防止氧化變色，也可以去除澀味。
- ◆ 牛蒡片炸至香酥，但顏色快要變深之前，就要取出，避免炸過頭。
- ◆ 不製作蜜汁醬也沒關係，牛蒡片炸酥後，撒上一些胡椒鹽，就是椒鹽牛蒡。

＼ 肉末炒酸豇豆 ／

冷藏
5～7
天

可復熱
sss

材料 INGREDIENT

酸豇豆300g、紅辣椒1根、蒜仁20g、豬絞
肉100g

調味料 SEASONING

醬油2大匙、細砂糖1小匙、白胡椒粉1 / 2
小匙、雞粉1小匙、香油1小匙

準備處理 PREPARE

酸豇豆洗淨，切1公分圓圈狀，泡水20分
鐘，瀝乾；紅辣椒切圓薄片；蒜仁切碎。

做法 METHOD

01 豬絞肉用滾水汆燙至變色、
弄散，取出瀝乾。

02 鍋子倒入少許食用油，加入豬
絞肉，炒香至微焦。

03 加入蒜碎、辣椒、酸豇豆、調
味料（香油除外）炒勻。

04 最後，淋入香油，炒勻即可。

＼Tips／

◆ 酸豇豆切好後，泡水可以去除多餘的鹹味。
◆ 豬絞肉汆燙過，能去除豬腥味及油脂，冷食時如有較多油脂會凝固，影響口感。

\ 脆皮燒烤豆腐 /

材料 INGREDIENT

板豆腐2盒、香菜20g、蒜仁20g、紅辣椒1／2根

調味料 SEASONING

老乾媽香辣油4小匙、鹽1小匙、雞粉1小匙、辣椒細粉1小匙、花生粉1小匙、孜然粉1／2小匙、花椒粉1／2小匙

準備處理 PREPARE

板豆腐切成食指粗細，瀝乾水分；香菜、蒜仁切碎；紅辣椒切圈。

做法 METHOD

01 板豆腐分次放入180℃的油鍋，炸5～6分鐘至外表酥脆，取出瀝油，備用。

02 取調理盆，加入所有調味料拌勻。

03 加入炸好的板豆腐，拌勻。

04 最後，加入香菜、蒜碎、辣椒圈拌勻即可。

\ Tips /

◆ 板豆腐要挑選水分較少、質地較粗，會比較好油炸。

◆ 炸板豆腐要確實炸至酥脆，如果炸不夠，很快就會變軟。

冷藏
1～2
天

小魚乾炒花生

材料 INGREDIENT

小魚乾200g、蒜仁20g、紅辣椒30g、蒜味花生300g

調味料 SEASONING

細砂糖2大匙、醬油1大匙、香油1小匙

冷藏
5～7
天

可復熱
sss

準備處理 PREPARE

小魚乾洗淨，瀝乾水分；蒜仁切碎；紅辣椒切圈。

做法 METHOD

01

蒜味花生用乾鍋炒香，取出備用。

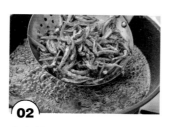

02

小魚乾放入180℃的油鍋，炸約15秒，瀝油備用。

03

另取鍋子，倒入食用油1/2大匙，加入蒜碎、所有調味料炒至微稠。

04

關火，加入小魚乾、辣椒圈，拌炒均勻。

05

最後，加入蒜味花生，拌勻即可。

Tips

◆ 小魚乾本身乾硬，可以透過泡水或滾水氽燙稍微軟化，油炸後才不會過硬咬不動。

沙茶豆乾絲

材料 INGREDIENT

粗干絲900g、蒜仁20g、紅辣椒1根、水800cc

調味料 SEASONING

醬油4大匙、沙茶醬1／2杯、老抽1大匙、冰糖3大匙、雞粉1小匙、香油1小匙

準備處理 PREPARE

粗干絲用剪刀剪斷，泡水洗淨，瀝乾；蒜仁切碎；紅辣椒切圓薄片。

做法 METHOD

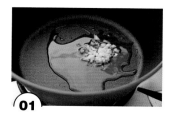

01

鍋子倒入少許食用油，加入蒜碎爆香。

02

加入醬油，稍微煮香。

03

加入粗干絲、水、調味料（香油除外）煮滾。

04

蓋上鍋蓋，轉中火，煮10分鐘至粗干絲變軟。

05

打開鍋蓋，上下翻炒均勻，重複動作3次至湯汁快要收乾。

06

加入辣椒圓片、香油，再煮5分鐘，關火放涼至入味即可。

\ Tips /

◆ 粗干絲在傳統市場的豆乾店就有賣，是粗條而不是白白細細的那一種。

◆ 配方的水量無法蓋過的干絲，但只要加蓋煮10分鐘便會變軟，不要多加水，會煮很久才能收汁。

辣椒鑲肉

材料 INGREDIENT

羊角椒12根、薑10g、蒜仁20g、豬絞肉200g、太白粉50g、水1／2杯

調味料 SEASONING

醬油2大匙、細砂糖2小匙、米酒1小匙、雞粉1／2小匙、白胡椒粉1／4小匙、香油1小匙

醃料 MARINADE

醬油1／2大匙、米酒2小匙、細砂糖1小匙、白胡椒粉1／4小匙、雞粉1小匙

準備處理 PREPARE

羊角椒去頭去尾，挖除囊籽；薑切末；蒜仁切碎。

做法 METHOD

01
豬細絞肉加入所有醃料，拌抓至有黏性。

02
再加入薑末、蔥花拌勻，放入冰箱冷藏，備用。

03
羊角椒內側撒上太白粉。

04
將做法2裝入兩斤袋，尖端剪開孔洞，擠入羊肉椒中。

05
放入150℃的油鍋，炸2分鐘至表皮泛白，取出瀝油，備用。

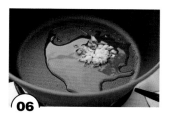

06
另取鍋子，倒入少許食用油，加入蒜碎爆香。

07
再加入水、調味料（香油除外）煮至微稠。

08
加入做法5，燒煮2分鐘至醬汁附著，淋入香油，拌勻即可。

\Tips/

◆ 羊角椒有季節性，平時也有較少，事先訂購選擇直徑2～3公分的較佳。

◆ 建議選用豬後腿絞肉，並請攤販絞細一點，比較好擠入羊角椒內。

◆ 豬肉餡要均勻填入羊角椒內，中尾端較難填入，可以用筷子輔助推進去。

寧式燻魚

冷藏
3~5
天

材料 INGREDIENT

草魚600g、青蔥30g、薑20g、蒜仁30g、八角3粒、桂皮5g、甘草片2片、水1.5杯

調味料 SEASONING

冰糖120g、醬油4大匙、蠔油4大匙、海鮮醬3大匙、米酒3大匙、白醋4大匙、五香粉1／4小匙、果糖2大匙

醃料 MARINADE

青蔥1支、米酒1／2大匙

準備處理 PREPARE

草魚刮淨魚鱗，去骨取肉，切2公分厚片；青蔥切段；薑切片。

做法 METHOD

01

草魚肉片加入醃料，抓醃均勻，靜置20分鐘，備用。

02

鍋子倒入少許食用油，加入材料（草魚、水除外）爆香。

03

加入水、所有調味料煮滾，轉小火煮10分鐘至醬汁濃稠。

04

過濾掉所有材料，將醬汁放涼冷卻，備用。

05

草魚肉片放入200℃的油鍋，炸約5分鐘至乾酥，取出瀝油。

06

草魚肉片趁熱泡入做法4，均勻裹上醬汁即可。

> \Tips/
>
> ◆ 草魚選擇中段，肉質較厚，也比較沒有細刺。另外，也能用鯛魚片代替，但口感會較軟一些。

玉子燒

冷藏
2~3
天

可復熱
〜〜〜

156

材料 INGREDIENT

雞蛋4個、海苔1片、壽司捲簾1卷

調味料 SEASONING

柴魚醬油1大匙、味醂1大匙、七味粉1 / 2小匙

準備處理 PREPARE

雞蛋打散成蛋液。

做法 METHOD

01
蛋液加入柴魚醬油、味醂拌勻，但不要打到起泡。

02
再將蛋液倒入濾網過篩。

03
取玉子燒鍋，鍋面抹上少許食用油，倒入1 / 3的蛋液，煎至半凝固狀。

04
鋪上海苔片，從前端包捲進來。

05
鍋面再次抹上少許食用油。

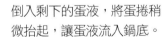

06
倒入剩下的蛋液，將蛋捲稍微抬起，讓蛋液流入鍋底。

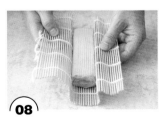

07
趁蛋液半凝固狀時，再次包捲起來。

08
放入壽司捲簾捲起，稍微壓實，放涼後切厚片，撒上七味粉即可。

\ Tips /

◆ 煎蛋時如有起泡，要用筷子戳破，才能煎得漂亮。

◆ 玉子燒可包捲起司絲、浦燒鰻、明太子、火腿、蔬菜等變化口味。

蒼蠅頭

冷藏
3～5
天

可復熱
〰〰〰

材料 INGREDIENT

韭菜花200g、豆豉30g、蒜仁20g、紅辣椒1根、豬絞肉100g

調味料 SEASONING

醬油1大匙、鹽1／2小匙、細砂糖1小匙、白胡椒粉1／2小匙、米酒2大匙、香油1大匙

準備處理 PREPARE

韭菜花切除前端硬梗，再切0.8公分粒狀；豆豉稍微清洗，瀝乾；蒜仁切碎；紅辣椒切圈。

做法 METHOD

01 鍋子倒入少許食用油，加入豬絞肉炒散，炒至水分蒸發、微微焦香。

02 加入蒜碎、豆豉、辣椒圈炒香。

03 加入調味料（香油除外），炒至飄出醬香。

04 加入韭菜花粒，快速翻炒20秒。

05 最後，淋入香油拌勻即可。

\Tips/

◆ 乾豆豉才需要清洗，濕豆豉則不用。

◆ 如豬絞肉肥油較多，要先汆燙一下去油，冷食時豬油才不會凝固，影響口感。

◆ 韭菜花粒入鍋後不宜炒太久，否則會失去翠綠色，口感也會變軟。

馬告炒什菇

材料 INGREDIENT

鴻喜菇100g、美白菇100g、杏鮑菇100g、紅甜椒1 / 2個、乾馬告5g、蒜仁20g

調味料 SEASONING

素蠔油1.5大匙、細砂糖1小匙、白胡椒粉1小匙、香油1小匙

準備處理 PREPARE

鴻喜菇、美白菇切除根部；杏鮑菇、紅甜椒切條狀；馬告稍微壓碎；蒜仁切碎。

做法 METHOD

01 取鍋子，加入鴻喜菇、美白菇、杏鮑菇，乾炒至水分釋出、飄香，取出備用。

02 原鍋倒入少許食用油，加入蒜末、馬告，爆香。

03 再加入做法1、紅甜椒、所有調味料，炒勻至入味即可。

\Tips/

◆ 馬告用廚房紙巾包著，用菜刀刀身壓碎，使香氣能更好釋放出來。

◆ 菇類先用乾鍋煵炒過，香味會更凸顯。

冷藏
3~5
天

可復熱
§§§

\\ 麻油塔香素腸 //

冷藏
3～5
天

可復熱
sss

材料 INGREDIENT

素腸200g、中薑40g、蒜仁20g、紅辣椒1根、九層塔30g、麻油3大匙、水1／2杯

調味料 SEASONING

素蠔油1大匙、醬油1小匙、細砂糖1小匙、白胡椒粉1／3小匙

準備處理 PREPARE

素腸洗淨瀝乾，斜切0.5公分片狀；中薑逆紋切薄片；蒜仁切片；紅辣椒去籽，切片；九層塔摘小朵狀。

\Tips/

◆ 素腸不能切太薄，否則容易散掉。
◆ 素腸片經過半煎炸後，會更有口感，並增加香味。

做法 METHOD

01 鍋子倒入少許食用油，加入素腸煎至微微金黃，取出備用。

02 另取鍋子，倒入麻油3大匙，加入薑片，以小火爆香至微微金黃。

03 加入蒜片、紅辣椒片，炒香。

04 加入水、素腸、所有調味料，煮1分鐘至入味。

05 最後，加入九層塔，快速拌炒一下即可。

\醬燜苦瓜/

材料 INGREDIENT

白玉苦瓜2條（約1斤）、蒜仁20g、
薑20g、紅辣椒1根、青蔥1／2支、
樹子30g、水2杯

調味料 SEASONING

素蠔油2大匙、細砂糖1小匙、味素
1小匙、白胡椒粉1／2小匙、香油
1小匙

準備處理 PREPARE

苦瓜切去頭尾，用湯匙挖除囊籽，
切塊；蒜仁、薑切碎；紅辣椒去
籽，切片；青蔥切絲。

做法 METHOD

01 鍋子倒入少許食用油，加入苦瓜，煎至
兩面微焦，取出備用。

02 原鍋加入蒜碎、薑碎、辣椒片，爆香。

03 加入苦瓜、樹子、水、調味料（香油除
外），蓋上鍋蓋，燜煮 5 分鐘。

04 待湯汁變少後，淋入香油拌勻，放上蔥
絲即可。

\Tips/

◆ 苦瓜去除內膜能減少苦味，先煎再煮口
感較好，也更容易上色。

◆ 樹子可以用豆豉15g代替，也可以加入一
些梅乾菜碎，增添風味。

可復熱

冷藏
5～7
天

CHAPTER 4

香氣四溢！
滷得透亮又入味
「滷製小菜」

「老闆，切一份豆乾和海帶！」相信大家對這句話一點都不陌生，
麵攤的小菜櫃子內，那些泛著動人油光、飄著誘人香氣的滷製小菜，
切成一盤盤送上桌，一口麵一口小菜，美味就是這麼簡單！
目前市面上的滷味大致分為兩大類──冷滷味與熱滷味，
在路邊攤或店面經常看見其蹤跡，用滷水將各種食材滷得入味透亮，
其中，冷滷味顧名思義就是將其放涼而成，
是做為配飯小菜，或是下酒小菜的好夥伴！

一本萬利滷水

份量
4000
CC

材料 INGREDIENT

A / 青蔥2支、中薑30g、蒜頭30g、洋蔥1／2個、紅辣椒2根、沙拉油1杯

B / 水3000cc、羅漢果1個、草果1粒、八角2粒、甘草片5片、月桂葉5片

調味料 SEASONING

冰糖1杯、醬油2杯、米酒1杯、香油2大匙、鹽1大匙、味素1大匙、雞粉1大匙、老抽50cc、白胡椒粉1小匙、黑胡椒粉1小匙

準備處理 PREPARE

青蔥切10公分長段；中薑切片；蒜頭剝散成粒，帶膜拍扁；洋蔥去皮，切粗條狀；紅辣椒切成兩段。

做法 METHOD

01 鍋子加入材料 A，爆香至微焦。

02 取出，放入紗布袋包，備用。

03 原鍋加入冰糖，炒化。

04 加入醬油，煮約 30 秒，煮香。

05 再加入材料 B、做法 2、其他調味料，煮滾。

06 轉小火，熬煮15分鐘即可。

\Tips/

◆ 滷水第一次使用，建議先滷一些有膠質的食材，如雞腳、豬皮等，能增加滷水的稠度。

雞腳凍

冷藏
5～7
天

材料 INGREDIENT

雞腳600g、青蔥1支、薑片2片、米酒1大
匙、水1200cc

滷水 MARINADE

一本萬利滷水800cc

準備處理 PREPARE

雞腳剪去指甲；青蔥切段。

做法 METHOD

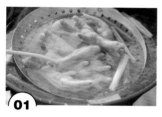

01

鍋子加入所有材料，從冷
水煮至滾，撈除浮沫，再
煮 3 分鐘。

02

取出雞腳，沖洗乾淨。

03

另取鍋子，加入滷水、雞腳
煮滾，轉小火，加蓋滷20～
25 分鐘，關火泡30 分鐘。

04

滷水倒入漏勺，取出材
料，靜置放涼。

05

雞腳裝入保鮮盒，滷水以
濾網過濾雜質，倒入一部
分進去，放入冰箱冷藏。

06

待稍微凝固，再淋入滷
水，動作重複三次，最後
放入冰箱冷藏 1 天即可。

\Tips/

◆ 請挑選有肉的白雞腳，並視尺寸大小支，調整滷製的時間。

◆ 雞腳凍的滷水不能太多，膠質會不足，影響結凍。

◆ 滷水放涼分三次澆淋，才會平均附著在雞腳上，如果一次淋完，會沉澱在底部。

豬腳綑蹄

冷藏
5~7
天

可復熱
𝄞𝄞𝄞

材料 INGREDIENT

豬前腳1支（約1.5kg）、青蔥1支、薑片4片、米酒1/2杯、水2000cc

滷水 MARINADE

一本萬利滷水2500cc

調味料 SEASONING

蒜末2大匙、醬油膏4大匙、細砂糖1大匙、白醋1大匙、香油1大匙

準備處理 PREPARE

豬腳請肉商從豬腳尖切成2段，回家泡水20分鐘；青蔥切段；醬料材料拌勻。

做法 METHOD

01

鍋子加入所有材料煮滾，撈除浮沫，再煮 15 分鐘，取出豬腳洗淨。

02

壓力鍋加入豬腳、滷水，上蓋密封，煮滾發出嗶聲，再煮 30 分鐘。

03

待洩壓後，取出豬腳，放在鋁箔紙上，戴上手套，趁熱剖開豬腳，劃開骨頭旁的肉。

04

拉起骨頭，切斷與豬腳肉的連結處。

05

將豬腳肉稍微劃刀，攤平。

06

淋上少許滷水。

07

以鋁箔紙包覆豬腳肉。

08

塑形成捲狀，頭尾扭緊固定，放入冰箱冷藏半天至凝固變硬。

09

取出，拆開後切成半圓狀，再切薄片，搭配沾醬食用即可。

Tips

◆ 家中如沒有壓力鍋，就用極小火，加蓋滷約1.5小時即可。

◆ 滷好的豬腳一定要趁熱塑形，冷卻後就不好塑形，切片時也容易散開。

材料 INGREDIENT

雞翅腿10支、青蔥1支、薑片2片、米酒1大匙、水1200cc

準備處理 PREPARE

雞翅腿用鑷子拔除殘毛；青蔥切段。

滷水 MARINADE

一本萬利滷水800cc

燻料 SMOKE

紅茶葉1小匙、細砂糖1／2杯

調味料 SEASONING

蜂蜜2大匙

做法 METHOD

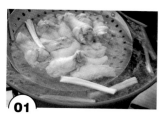

01

鍋子加入所有材料煮滾，雞翅腿汆燙1分鐘，取出洗淨。

02

雞翅腿放入滷水煮滾，轉小火滷15分鐘，取出。

03

取鐵鍋，鍋內鋪上錫箔紙，鋪放燻料，放置蒸架，放上雞翅腿。

04

開火，等到冒煙後，蓋上鍋蓋。

05

當白煙轉換成深色黃煙時，關火燜3分鐘。

06

最後，雞翅腿塗刷上蜂蜜即可。

> \ Tips /
> ◆ 煙燻時要將抽風機打開，過程中不能打開，如打開煙會大量流失影響顏色。

魚塊南蠻漬

冷藏
1~2
天

材料 INGREDIENT

A 旗魚肉 400g、洋蔥 1 個、
紅辣椒 1 根、嫩薑 30g

B 水 120cc、低筋麵粉 80g

醃料 MARINADE

清酒1小匙、鹽1／2小匙、白胡椒粉1／4小匙

調味料 SEASONING

細砂糖4大匙、白醋1／2杯、醬油2大匙、鰹魚
粉1／4小匙、清酒1大匙

準備處理 PREPARE

旗魚肉切2X5公分粗狀；洋蔥逆紋切0.5公分條狀；紅辣椒去籽，切絲；嫩薑切絲，
泡冷開水（份量外）。

做法 METHOD

01

鍋子加入水、所有調味料，
煮滾 1 分鐘，關火放涼，
備用。

02

旗魚加入醃料，抓醃均勻，
放入冰箱冷藏 30 分鐘。

03

取出旗魚肉，沾裹上低筋
麵粉。

04

放入 170℃的油鍋，炸 3
分鐘至酥脆，取出瀝油。

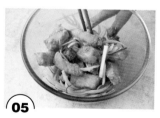

05

取調理盆，加入材料 A、
做法 1 拌勻，放入冰箱冷
藏 10 分鐘即可。

\Tips/

◆ 南蠻漬是日本料理
的一種醃漬法，是
將炸過的食材浸泡
以醋為主的醃汁。

◆ 旗魚肉可以用鯛
魚、竹筴魚、鮭魚
等代替。

筑前煮

冷藏 3~5 天

可復熱

材料 INGREDIENT

A / 雞胸肉 1 / 2 付、蒟蒻 120g、荷蘭豆片 60g
B / 白牛蒡 1 / 3 根、蓮藕 200g、胡蘿蔔 1 /2 根、
乾香菇 8 朵、水 2 杯

調味料 SEASONING

柴魚醬油4大匙、味醂4大匙、清酒2大匙、細砂糖1大匙、干貝粉1 / 2小匙

準備處理 PREPARE

雞胸肉切3公分塊狀；蒟蒻切塊，劃刀；荷蘭豆撕除邊莖對片；牛蒡去皮，切塊狀；蓮藕去皮，切0.3公分圓片；胡蘿蔔切花圓片；乾香菇泡水至軟，切半。

做法 METHOD

01 蒟蒻用滾水汆燙 3 分鐘，取出洗淨。

02 浸泡冷水冷卻，備用。

03 鍋子倒入少許食用油，加入雞胸肉塊煎至表面微焦，取出備用。

04 原鍋加入材料 B、所有調味料煮滾，轉小火煮 10 分鐘至熟。

05 再加入雞胸肉、荷蘭豆煮熟，放涼即可。

\Tips/

◆ 小筑前煮是典型的和式煮食，使用當季的根莖類、蔬菜、雞肉或豬肉一同嫩煮，熱食、冷食皆宜。

冷藏
3～4
天

可復熱
〜〜〜

醋燒香魚

材料 INGREDIENT

冷凍香魚4尾、青蔥4支、薑片4片、水4杯

調味料 SEASONING

柴魚醬油1／3杯、味醂1／3杯、白醋4大匙、細砂糖2大匙、鰹魚粉1小匙

準備處理 PREPARE

香魚解凍，用廚房紙巾吸乾水分；青蔥切段；薑片切粗絲。

做法 METHOD

01
取不沾鍋，倒入少許食用油，放入香魚，煎至兩面微焦。

02
加入蔥段、薑絲，鋪放排在香魚底部。

03
加入水、所有調味料煮滾，蓋上鍋蓋，轉小火煮1小時，關火浸泡1小時。

04
開火再次煮滾，再關火放涼即可。

Tips

- 香魚不用刮魚鱗、開肚去內臟。
- 此道小菜是以大量的醋，用燜煮的方法，讓魚肉入味及化骨。
- 香魚可以用秋刀魚代替。

香滷墨魚

冷藏
3~5
天

可復熱
sss

剁椒拌雞胗

冷藏
5~7
天

可復熱
$$$

材料 INGREDIENT

A / 青蔥 2 支、雞胗 400g、薑片 3 片、米酒 1 小匙、水 1000cc

B / 青椒 1 個、紅辣椒 1 根、蒜仁 20g

滷水 MARINADE

一本萬利滷水1200cc

調味料 SEASONING

剁椒醬2大匙、醬油膏1大匙、味素1 / 2小匙、香油1小匙

準備處理 PREPARE

青蔥切段；青椒、紅辣椒切2公分丁狀；蒜仁切碎。

做法 METHOD

01 鍋子加入材料 A，從冷水煮至滾，撈除浮沫，再煮 5 分鐘，取出雞胗洗淨。

02 另取鍋子，加入雞胗、滷水煮滾，轉小火，加蓋滷 50 分鐘。

03 取出雞胗放涼，切 2～3 等份，備用。

04 青椒丁以滾水汆燙 10 秒，再泡冷開水冰鎮，取出瀝乾水分。

05 取調理盆，加入雞胗、材料 B、所有調味料，拌勻即可。

 Tips

◆ 雞胗剛滷好口感是軟的，放涼後就會變Q，如果滷得不夠軟，涼拌後會不好咬。

◆ 可以用鴨胗代替雞胗，滷製時間要調整為70分鐘左右。

香滷百頁米血

冷藏
3～5
天

可復熱
ᔓᔓᔓ

\Tips/

◆ 滷百頁豆腐時，如沒有上下翻動，沉在下面的就會膨脹變大、變形。

材料 INGREDIENT

百頁豆腐3條、米血糕250g、蒜仁20g、紅辣椒1／2根、青蔥1／2支、冷開水1大匙

滷水 MARINADE

一本萬利滷水1500cc

調味料 SEASONING

醬油膏2大匙、細砂糖1／4小匙、香油1小匙

準備處理 PREPARE

百頁豆腐洗淨，切1.5公分厚片；米血糕切3X5公分塊狀；蒜仁切碎；紅辣椒切圈；青蔥切成蔥花。

做法 METHOD

01 取調理碗，加入蒜碎、冷開水、所有調味料，拌勻成醬汁，備用。

02 鍋子加入滷水煮滾，加入百頁豆腐，小火滷5分鐘（過程中上下翻動），取出備用。

03 加入米血糕，小火滷10分鐘，滷至軟透，取出。

04 百頁豆腐、米血糕盛盤，淋上醬汁，撒上蔥花、辣椒圈即可。

素滷雙味

材料 INGREDIENT

白蘿蔔1／2根、杏鮑菇4個、薑片6片、水1200cc、萬用小滷包1包、紅辣椒1根、香菜20g

調味料 SEASONING

冰糖4大匙、醬油1杯、香菇粉1小匙、白胡椒粉1／4小匙、香油1大匙

準備處理 PREPARE

白蘿蔔去皮再削去一層，縱切兩半，再切1.5公分厚片；杏鮑菇切塊。

做法 METHOD

01 鍋子倒入少許食用油，加入薑片爆香，再加入冰糖、醬油煮香。

02 加入水、滷包、紅辣椒、其餘調味料煮滾，即為素滷水。

03 加入白蘿蔔，轉小火滷 25 分鐘。

04 加入杏鮑菇，再滷 10 分鐘。

05 關火，浸泡 10 分鐘，取出撒上香菜即可。

Tips

◆ 白蘿蔔的皮比較厚，所以要削去兩次，口感會較好。

◆ 這款的素滷水，可以依自己喜好滷豆乾、海帶、素腰花等。

冷藏
3~5
天

可復熱
sss

盈昊實業有限公司

嚴選品質優良的產品 注意食安問題
提供優惠的價格
讓您在家即可享受五星級餐廳頂級料理
每個人都可以成為創造美味味蕾的大師
各式肉類/海鮮均可客製化生產

全民 大團購

中壢自取處
桃園市中壢區內定二十街158巷41號
聯絡電話：0900-789356
營業時間：9:00~16:00

伊比利梅花豬排

榮獲 2024 great taste 美食殊榮

2星
★★
（檸檬風味）
檸夏釀造醬油
薄鹽甘醇・清新檸香

3星
★★★
（香檬風味）
茶姬釀造醬油
清新風味・醇香回甘

2星
★★
薄黑釀造醬油
黑豆薄鹽・濃郁甘醇

2024　Great　Taste　Awards

HUNTER®
INTERNATIONAL

名廚推薦
鋒利無限

簡易工具箱

時尚 / 安全 / 專業

● 多用途廚用剪刀

● 西餐主廚刀

● 中餐片刀

● 小彎刀
● 果雕刀

超人氣蔬果刀
NT.800/支

掃碼訂購

FB粉絲專頁

CUOCO
Italy

石墨烯 S2
不沾大寶鍋組

• Graphene •
Nonstick Cookware

※商品圖示僅供參考，
請以實物為準。

立體鍋身花紋

石墨烯不沾貼面

鍋內無鉚釘

韓國製造

無62項PFAS

無PFOS

無PFOA

台灣總代理｜固鋼興業有限公司
www.gukang.com.tw 02 2683 5566

廚房 Kitchen 0147

冰箱常備！萬用小菜：

打開保鮮容器就上桌！醃漬、涼拌、快炒、
滷製 120 道小菜，配飯下酒帶便當，
隨取隨吃，美味省時又省力

國家圖書館出版品預行編目(CIP)資料

冰箱常備!萬用小菜:打開保鮮容器就上桌!醃漬、涼拌、快
炒、滷製120道小菜,配飯下酒帶便當,隨取隨吃,美味省時
又省力/蔡萬利, 楊勝凱著. -- 初版. -- 臺北市：日日幸福事
業有限公司出版; [新北市]：聯合發行股份有限公司發行,
2024.10
  面； 公分. -- (廚房Kitchen；147)
  ISBN 978-626-7414-39-2(平裝)

1.CST: 食譜

427.1   113012636

作　　　者　蔡萬利、楊勝凱
總 編 輯　鄭淑娟
責 任 編 輯　李冠慶
行 銷 主 任　邱秀珊
攝　　　影　蕭維剛
美 術 設 計　初雨有限公司（ivy_design）

出 版 者　日日幸福事業有限公司
電　　　話　（02）2368-2956
傳　　　真　（02）2368-1069
地　　　址　106 台北市和平東路一段 10 號 12 樓之 1
郵 撥 帳 號　50263812
戶　　　名　日日幸福事業有限公司
法 律 顧 問　王至德律師
電　　　話　（02）2773-5218
發　　　行　聯合發行股份有限公司
電　　　話　（02）2917-8022
印　　　刷　中茂分色印刷股份有限公司
電　　　話　（02）2225-2627
初 版 二 刷　2024 年 10 月
定　　　價　450 元

精緻好禮大相送，都在日日幸福！

只要填好讀者回函卡寄回本公司（直接投郵），您就有機會獲得以下大獎。

獎項
內容

1

【HUNTER】
刀具簡易工具箱組，
市價 3,600 元，3 名

2

【義大利 CUOCO】
專利石墨烯 S2
大寶鍋 34cm（附蓋），
市價 1,980 元，1 名

3

【義大利 CUOCO】
專利石墨烯 S2
小帥鍋 28cm（附蓋），
市價 1,480 元，1 名

4

【義大利 CUOCO】
專利石墨烯 S2
平煎鍋 30cm，
市價 1,380 元，1 名

5

【義大利 CUOCO】
專利石墨烯 S2 小
帥鍋 26cm（附蓋），
市價 1,280 元，1 名

6

【義大利 CUOCO】
富貴紅限量版
鈦晶岩平底鍋 28cm，
市價 1,180 元，10 名

參加
辦法

只要購買《冰箱常備！萬用小菜》，填妥書中「讀者回函卡」（免貼郵票）於 2025 年 01 月 10 日（郵戳為憑）寄回【日日幸福】，本公司將抽出以上幸運獲獎的讀者，得獎名單將於 2025 年 01 月 20 日公佈在：
日日幸福臉書粉絲團：
https://www.facebook.com/
happinessalwaystw

廣　告　回　信

臺灣北區郵政管理局登記證

第 ０ ０ ４ ５ ０ ６ 號

請直接投郵，郵資由本公司負擔

10643

台北市大安區和平東路一段10號12樓之1

日日幸福事業有限公司　收

書名　水煮與燙！夏肉小菜　HAKI0147

感謝您購買本公司出版的書籍，您的建議就是本公司前進的原動力。請撥冗填寫此卡，我們將不定期提供您最新的出版訊息與優惠活動。

▶

姓名：＿＿＿＿＿＿＿＿ **性別**：□ 男 □ 女 **出生年月日**：民國＿＿年＿＿月＿＿日

E-mail：＿＿＿＿＿＿＿＿

地址：□□□□□ ＿＿＿＿＿＿＿

電話：＿＿＿＿＿ **手機**：＿＿＿＿＿ **傳真**：＿＿＿＿＿

職業：□ 學生　　　　□ 生產、製造　　□ 金融、商業　　□ 傳播、廣告
　　　　□ 軍人、公務　□ 教育、文化　　□ 旅遊、運輸　　□ 醫療、保健
　　　　□ 仲介、服務　□ 自由、家管　　□ 其他

▶

1. 您如何購買本書？□ 一般書店（　　　　　書店）　□ 網路書店（　　　　　書店）
　　□ 大賣場或量販店（　　　　　）□ 郵購 □ 其他

2. 您從何處知道本書？□ 一般書店（　　　　　書店）　□ 網路書店（　　　　　書店）
　　□ 大賣場或量販店（　　　　　）□ 報章雜誌 □ 廣播電視
　　□ 作者部落格或臉書 □ 朋友推薦 □ 其他

3. 您通常以何種方式購書（可複選）？□ 逛書店 □ 逛大賣場或量販店 □ 網路 □ 郵購
　　□ 信用卡傳真 □ 其他

4. 您購買本書的原因？ □ 喜歡作者 □ 對內容感興趣 □ 工作需要 □ 其他

5. 您對本書的內容？ □ 非常滿意 □ 滿意 □ 尚可 □ 待改進＿＿＿＿

6. 您對本書的版面編排？ □ 非常滿意 □ 滿意 □ 尚可 □ 待改進＿＿＿＿

7. 您對本書的印刷？ □ 非常滿意 □ 滿意 □ 尚可 □ 待改進＿＿＿＿

8. 您對本書的定價？ □ 非常滿意 □ 滿意 □ 尚可 □ 太貴

9. 您的閱讀習慣：(可複選) □ 生活風格 □ 休閒旅遊 □ 健康醫療 □ 美容造型 □ 兩性
　　□ 文史哲 □ 藝術設計 □ 百科 □ 圖鑑 □ 其他

10. 您是否願意加入日日幸福的臉書（Facebook）？ □ 願意 □ 不願意 □ 沒有臉書

11. 您對本書或本公司的建議：＿＿＿＿＿＿＿＿＿＿
＿＿＿＿＿＿＿＿＿＿＿＿＿＿＿＿＿＿＿
＿＿＿＿＿＿＿＿＿＿＿＿＿＿＿＿＿＿＿

註：本讀者回函卡傳真與影印皆無效，資料未填完整即喪失抽獎資格。